首饰设计与工艺系列丛书
珠宝手绘
效果图表现

官 婷 著
滕 菲 主审
刘 晓 主编

人民邮电出版社
北 京

图书在版编目（ＣＩＰ）数据

珠宝手绘效果图表现 / 宫婷著；刘骁主编. -- 北京：人民邮电出版社，2022.9
（首饰设计与工艺系列丛书）
ISBN 978-7-115-59206-4

Ⅰ．①珠… Ⅱ．①宫… ②刘… Ⅲ．①宝石－设计－绘画技法 Ⅳ．①TS934.3

中国版本图书馆CIP数据核字(2022)第070000号

内 容 提 要

国民经济的快速发展和人民生活水平的提高不断激发国民对珠宝首饰消费的热情，人们对饰品的审美、情感与精神需求也在日益提升。近些年，新的商业与营销模式不断涌现，在这样的趋势下，对首饰设计师能力与素质的要求越来越全面，不仅要具备设计和制作某件具体产品的能力，同时也要求具有创新性、整体性的思维与系统性的工作方法，以满足不同商业的消费及情境体验的受众需求，为此我们策划了这套《首饰设计与工艺系列丛书》。

本书是关于首饰设计中与珠宝手绘相关的技法图书。全书分为8章：第1章讲解了珠宝首饰设计的创意构思；第2章讲解了珠宝首饰的手绘流程和工具；第3章讲解了珠宝手绘的美术理论知识；第4章至第7章，通过对宝石单体线稿、镶嵌结构线稿、金属效果图、宝石效果图和镶嵌结构效果图等案例循序渐进的分析，讲解了珠宝手绘效果图的基础技法；第8章主要讲解了戒指、项链、胸针、耳饰、手链和手镯等综合应用效果图的表现，让大家能够真正做到学以致用。

本书结构安排合理，内容翔实丰富，具有较强的针对性与实践性，不仅适合珠宝设计初学者、各大珠宝类院校学生及具有一定经验的珠宝设计师阅读，也可帮助他们巩固与提升自身的设计创新能力。

◆ 著 宫 婷

　　主 审 滕 菲

　　主 编 刘 骁

　　责任编辑 王 铁

　　责任印制 周昇亮

◆ 人民邮电出版社出版发行　　北京市丰台区成寿寺路 11 号
　　邮编 100164　　电子邮件 315@ptpress.com.cn
　　网址 https://www.ptpress.com.cn
　　北京捷迅佳彩印刷有限公司印刷

◆ 开本：787×1092　1/16
　　印张：8.5　　　　　　　　　2022 年 9 月第 1 版
　　字数：218 千字　　　　　　2024 年 9 月北京第 4 次印刷

定价：89.00 元

读者服务热线：(010)81055296　印装质量热线：(010)81055316
反盗版热线：(010)81055315
广告经营许可证：京东市监广登字 20170147 号

丛书编委会

主　审：滕　菲

主　编：刘　骁

副主编：高　思

编　委：宫　婷　韩儒派　韩欣然　刘　洋
　　　　卢言秀　卢　艺　邰靖文　王浩铮
　　　　魏子欣　吴　冕　岳建光

丛书专家委员会

推荐序 I

开枝散叶又一春

辛丑年的冬天，我收到《首饰设计与工艺系列丛书》主编刘骁老师的邀约，为丛书做主审并作序。抱着学习的态度，我欣然答应了。拿到第一批即将出版的 4 本书稿和其他后续将要出版的相关资料，发现从主编到每本书的著者大多是自己这些年教过的已毕业的学生，这令我倍感欣喜和欣慰。面对眼前的这一切，我任思绪游弋，回望二十几年来中央美术学院首饰设计专业的创建和教学不断深化发展的情境。

我们从观察自然，到关照内里，觉知初心；从视觉、触觉、身体对材料材质的深入体悟，去提升对材质的敏感性与审美能力；在中外首饰发展演绎的历史长河里，去传承精髓，吸纳养分，体味时空转换的不确定性；我们到不同民族地域文化中去探究首饰文化与艺术创造的多元可能性；鼓励学生学会质疑，具有独立的思辨能力和批判精神；输出关注社会、关切人文与科技并举的理念，立足可持续发展之道，与万物和谐相依，让首饰不仅具备装点的功效，更要带给人心灵的体验，成为每个个体精神生活的一部分，以提升人类生活的品质。我一直以为，无论是一枚小小的胸针还是一座庞大博物馆的设计与构建，都会因做事的人不同，而导致事物的过程与结果的不同，万事的得失成败都取决于做事之人。所以在我的教学理念中，培养人与教授技能需两者并重，不失偏颇，而其中对人整体素养的培养是重中之重，这其中包含了人的德行，热爱专业的精神，有独特而强悍的思辨及技艺作支撑，但凡具备这些基本要点，就能打好一个专业人的根基。

好书出自好作者。刘骁作为《首饰设计与工艺系列丛书》的主编，很好地构建了珠宝首饰所关联的自然科学、社会科学与人文科学，汇集彼此迥异而又丰富的知识理论、研究方法和学科基础，形成以首饰相关工艺为基础、艺术与设计思维为导向，在商业和艺术语境下的首饰设计与创作方法为路径的教学框架。

该丛书是一套从入门到专业的实训类图书。每本图书的著者都具有首饰艺术与设计的亲身实践经历，能够引领读者进入他们的专业世界。一枚小首饰，展开后却可以是个大世界，创想、绘图、雕蜡、金工、镶嵌……都可以引入令人神往的境地，以激发读者满怀激情地去阅读与学习。在这个过程中，我们会与"硬数据"——可看可摸到的材料技艺和"软价值"——无从触及的思辨层面相遇，其中创意方法的传授应归结于思辨层面的引导与开启，借恰当的转译方式或优秀的案例助力启迪，这对创意能力的培养是行之有效的方法。用心细读可以看到，丛书中许多案例都是获得国内外专业大奖的优秀作品，他们不只是给出一个作品结果，更重要和有价值的，还在于把创作者的思辨与实践过程完美地呈现给了读者。读者从中可以了解到一件作品落地之前，每个节点变化由来的逻辑，这通常是一件好作品生成不可或缺的治学态度和实践过程，也是成就佳作的必由之路。本套丛书的主编刘骁老师和各位专著作者，是一批集教学与个人实践于一体的优秀青年专业人才，具有开放的胸襟与扎实的根基。他们在专业上，无论是为国内外各类知名品牌做项目设计总监，还是在探究颇具前瞻性的实验课题，抑或是专注社会的公益事业上，都充分展示出很强的文化传承性，融汇中西且转化自如。本套丛书对首饰设计与制作的常用或主要技能和工艺做了独立的编排，之于读者来讲是很难得的，能够完整深入地了解相关专业；之于我而言则还有另一个收获，那就是看到一批年轻优秀的专业人成长了起来，他们在我们的《十年·有声》之后的又一个十年里开枝散叶，各显神采。

党的二十大以来，提出了"实施科教兴国战略，强化现代化建设人才支撑"，我们要坚持为党育人，为国育才，"教育就像培植树苗，要不断修枝剪叶，即便有阳光、水分、良好的氛围，面对盘根错节、貌似昌盛的假象，要舍得修正，才能根深叶茂长成参天大树，修得正果。"[注] 由衷期待每一位热爱首饰艺术的读者能从书中获得滋养，感受生动鲜活的人生，一同开枝散叶，喜迎又一春。

辛丑年冬月初八

注：滕菲：《十年·有声——中央美术学院与国际当代首饰》，中国纺织出版社，2012，第 14 页

推荐序 II

随着国民经济的快速发展，人民物质生活水平日益提高，大众对珠宝首饰的消费热情不断提升，人们不仅仅是为了保值与收藏，同时也对相关的艺术与文化更加感兴趣。越来越多的人希望通过亲身的设计和制作来抒发情感，创造具有个人风格的首饰艺术作品，或是以此为出发点形成商业化的产品与品牌，投身万众创业的新浪潮之中。

《首饰设计与工艺系列丛书》希望通过传播和普及首饰艺术设计与工艺相关的知识理论与实践经验，产生一定的社会效益：一是读者通过该系列丛书对首饰艺术文化有一定的了解和鉴赏，亲身体验设计创作首饰的乐趣，充实精神文化生活，这有益于身心健康和提升幸福感；二是以首饰艺术设计为切入点探索社会主义精神文明建设中社会美育的具体路径，促进社会和谐发展；三是以首饰设计制作的行业特点助力大众创业、万众创新的新浪潮，协同构建人人创新的社会新态势，在创造物质财富的过程中同时实现精神追求。

党的二十大报告指出"教育是国之大计、党之大计。培养什么人、怎样培养人、为谁培养人是教育的根本问题。"首饰艺术设计的普及和传播则是社会美育具体路径的探索。论语中"兴于诗，立于礼，成于乐"强调审美教育对于人格培养的作用，蔡元培先生曾倡导"美育是最重要、最基础的人生观教育"。 首饰是穿戴的艺术，是生活的艺术。随着科技、经济的发展，社会消费水平的提升，首饰艺术理念日益深入人心，用于进行首饰创作的材料日益丰富和普及，为首饰进入人们的日常生活奠定了基础。人们可以通过佩戴、鉴赏、消费、收藏甚至亲手制作首饰参与审美活动，抒发情感，陶冶情操，得到美的享受，在优秀的首饰作品中形成享受艺术和文化的日常生活习惯，培养高品位的精神追求，在高雅艺术中宣泄表达，培养积极向上的生活态度。

人们在首饰设计制作实践中培养创造美和实现美的能力。首饰艺术设计是培养一个人观察力、感受力、想象力与创造力的有效方式，人们在家中就能展开独立的设计和制作工作，通过学习首饰制作工艺技术，把制作首饰当作工作学习之余的休闲方式，将所见所思所感通过制作的方式表达出来。在制作过程中专注于一处，体会"匠人"精神，在亲身体验中感受材料的多种美感与艺术潜力，在创作中找到乐趣、充实内心，又外化为可见的艺术欣赏。首饰是生活的艺术，具有良好艺术品位的首饰能够自然而然地将审美活动带入人们社会交往、生活休闲的情境中，起到滋养人心的作用。通过对首饰艺术文化的了解，人们可以掌握相关传统与习俗、时尚潮流，以及前沿科技在穿戴体验中的创新应用；同时它以鲜活和生动的姿态在历史长河中也折射出社会、经济、政治的某一方面，像水面泛起的粼粼波光，展现独特魅力。

首饰艺术设计的传播和普及有利于促进社会创业创新事业发展。创新不仅指的是技术、管理、流程、营销方面的创新，通过文化艺术的赋能给原有资源带来新价值的经营活动同样是创新。当前中国经济发展正处于新旧动能转换的关键期，"人人创新"，本质上是知识社会条件下创新民主化的实现。随着互联网、物联网、智能计算等数字技术所带来的知识获取和互动的便利，创业创新不再是少数人的专利，而是多数人的机会，他们既是需求者也是创新者，是拥有人文情怀的社会创新者。

随着相关工艺设备愈发向小型化、便捷化、家庭化发展，首饰制作的即时性、灵活性等优势更加突显。个人或多人小型工作空间能够灵活搭建，手工艺工具与小型机械化、数字化设备，如小型车床、3D 打印机等综合运用，操作更为便利，我们可以预见到一种更灵活的多元化"手工艺"形态的显现——并非回归于旧的技术，而是充分利用今日与未来技术所提供的潜能，回归于小规模的、个性化的工作，越来越多的生产活动将由个人、匠师所承担，与工业化大规模生产相互渗透、支撑与补充，创造力的碰撞将是巨大的，每一个个体都会实现多样化发展。同时，随着首饰的内涵与外延的不断深化和扩大，首饰的类型与市场也越来越细分与精准，除了传统中大型企业经营的高级珠宝、品牌连锁，也有个人创作的艺术首饰与定制。新的渠道与营销模式不断涌现，从线下的买手店、"快闪店"、创意市集、首饰艺廊，到网店、众筹、直播、社群营销等，愈发细分的市场与渠道，让差异化、个性化的体验与需求在日益丰富的工艺技术支持下释放出巨大能量和潜力。

本套丛书是在此目标和需求下应运而生的从入门到专业的实训类图书。丛书中有丰富的首饰制作实操所需各类工艺的讲授，如金工工艺、宝石镶嵌工艺、雕蜡工艺、珐琅工艺、玉石雕刻工艺等，囊括了首饰艺术设计相关的主要材料、工艺与技术，同时也包含首饰设计与创意方法的训练，以及首饰设计相关视觉表达所需的技法训练，如手绘效果图表达和计算机三维建模及渲染效果图，分别涉猎不同工具软件和操作技巧。本套丛书尝试在已有首饰及相关领域挖掘新认识、新产品、新意义，拓展并夯实首饰的内涵与外延，培养相关领域人才的复合型能力，以满足首饰相关的领域已经到来或即将面临的复杂状况和挑战。

本套丛书邀请了目前国内多所院校首饰专业教师与学术骨干作为主笔，如中央美术学院、清华大学美术学院、中国地质大学、北京服装学院、湖北美术学院等，他们有着深厚的艺术人文素养，掌握切实有效的教学方法，同时也具有丰富的实践经验，深耕相关行业多年，以跨学科思维及全球化的视野洞悉珠宝行业本身的机遇与挑战，对行业未来发展有独到见解。

青年强，则国家强。当代中国青年生逢其时，施展才干的舞台无比广阔，实现梦想的前景无比光明。希望本套丛书的编写不仅能丰富对首饰艺术有志趣的读者朋友们的艺术文化生活，同时也能促进高校素质教育相关课程的建设，为社会主义精神文明建设提供新方向和新路径。

记于北京后沙峪寓所

2021 年 12 月 15 日

序言
PREFACE

20世纪80年代，我国的珠宝首饰市场跟随黄金零售政策向公众打开了大门。如今，人们已经脱离了物质匮乏的年代，消费者对珠宝首饰的需求已经慢慢从买"料"转向注重精神层面的消费——更为时尚新颖的款式、更彰显个人性格的造型、更能满足个性化需求的设计成为珠宝首饰市场的新动向。专业化的珠宝首饰设计便在这样一个时代背景下迅速发展起来。

珠宝首饰设计的专业化教学亟待发展，培养符合珠宝首饰行业发展需求的人才更是高校与相关专业面临的新课题。从行业对人才的需求上来说，我国目前开设珠宝首饰设计专业的高校相对较少，通过专业途径参加学习、培训的人才相较于庞大的珠宝首饰行业人才需求来说还是远远不够。从高校教学上来说，国内大多数珠宝首饰设计专业也尚未形成成熟的、体系化的教学方法。从消费者的需求上来说，消费者也在迫切期待更多、更专业、更具审美性的原创设计作品出现。

成为专业的珠宝首饰设计师是一条充满新奇和挑战的路。珠宝首饰作为一种特殊的产品，对设计师的专业知识、工艺经验、设计能力、审美能力有非常高的要求。设计师的成长依赖于设计实践经验的积累，同时设计师要在艺术设计造型能力方面不断提升，在珠宝首饰与人的身、心关系的哲思上不断深挖，才能逐渐沉淀下珠宝首饰设计的综合实力。

珠宝首饰设计手绘是一门讲授专业图画表达的技法课程。在学习这门课程之前，学生先要了解珠宝首饰设计的专业基础知识，主要包括贵金属和宝石材料鉴定、珠宝首饰工艺、宝玉石市场评估等。在实际的教学中，本课程既可作为一门专业入门课程，亦可以作为一门综合性设计课程。作为专业入门课程时，学生应注重对贵金属、宝玉石和工艺基础知识的了解和积累。这样的教学方式适用于没有太多专业基础知识的学生。如果学生已经有了丰富的专业基础知识，则可以倾向于进行综合设计实训，以专业化的图画方式将设计表现出来。总之，这门课程的学习是非常灵活的。本课程在教学中也从不拘泥于技法本身，追求以合适的方式引导学生走向专业化，将训练设计思维作为教与学攀登的高处。

中国的时代发展和经济腾飞助推了珠宝首饰事业，这是所有业内人的幸事。对我而言，最为宝贵的是滕菲教授对我的引导、信任和培养，她支持我在热爱的领域里探索钻研，使我终身受益。此次我有机会将自己10年的珠宝首饰设计手绘教学经验整理出版，则要非常感谢筹划《首饰设计与工艺系列丛书》的刘骁老师。昔日同窗能够邀请我为这门课程著书，让我为珠宝首饰设计教育事业贡献一份绵薄之力，我深感欣喜。他的长远眼光和长期规划，对于目前珠宝首饰设计专业的发展、课程体系的建设是具有非常重要的实际意义的。

珠宝首饰艺术在历史长河里美丽而辉煌，至今仍有相当数量的怀抱共同理想和热爱的教育者、从业者、学生等在珠宝首饰设计事业里默默成长、点滴奉献。相信珠宝首饰设计的未来不可估量，珠宝首饰也将逐渐从经济消费深入文化领域，成为稳定且深厚的文化载体。

作者

2022 年 5 月

Contents **目录**

目录 Contents

第 1 章

设计创意
与构思

CHAPTER 01

设计一件珠宝和创造任何新事物一样，都需要有丰富的想象力，同时更
需要设计师的热爱之心。创意与构思是设计中最重要的环节之一，它通
过精确的方案支撑起所有奇思妙想。它不但先行于珠宝生产，而且遍布
设计过程中各种环节。设计一款珠宝是一件并不难的事，但当作为设计
师的我们懂得了珠宝的一些必要专业知识后，便可以将创意与构思进行
得更为深入。

珠宝首饰概述

珠宝首饰是衣、食、住、行中与"衣"相搭配的一种具有装饰美感、文化属性的产品。"首饰"的概念在当代已经有了更广、更深的内涵拓展。但是在珠宝领域，珠宝的装饰属性和高物料价值属性自古以来都较为稳定，这与精湛繁复的珠宝工艺和所使用的贵金属、宝石等材料是紧密相关的。

试着想象一下一件珠宝从无到有的创造链条——一件美丽的珠宝的诞生需要满足 3 个方面的条件：首先，要有取材于大自然的宝玉石、贵金属材料；其次，要有人的智慧、审美、设计对材料进行丰富与衬托，把朴素单一的材料进行磨制、塑形、结合，变换为具备美与装饰功能的集合体；最后，需要依赖人的手工技能，将这份美的设想变为现实。这 3 个条件互为支持，缺一不可，如图 1-1 所示。

图 1-1

珠宝的设计阶段

在珠宝的设计阶段，我们可以使想象力朝着期望的任何方向延展，并在捕捉到灵感的时候随意创造自由奔放的主题。但在实际的设计过程中，需要考虑的问题非常广泛，用户需求、材料的特性，珠宝制造的工艺边界、设计元素、佩戴舒适感和材料成本等，都是珠宝设计过程中需要妥善处理的问题。珠宝设计的过程大致可以分为灵感捕捉与选题、造型处理与设计、定稿与绘制设计方案 3 个阶段。

◆ 灵感捕捉与选题

对于设计师来说，世间万物都可以作为有趣的主题为己所用。灵感并非总是来自妙手偶得，但它经常都可以来自设计师对于美好事物的丰富体验和感受。然后设计师将这些美好体验用珠宝的语言表现出来，转变为创作思路，如图 1-2 所示。

设计师可以将所有灵感以图像的方式集中记录在一个本子上，这样的记录过程一方面积累了丰富的灵感，方便后期选用，如图 1-3 所示；另一方面便于为自己的设计风格做整体梳理。更为重要的是，在持续的记录过程中，设计师可以不断强化其捕捉美好事物的敏感度，不断地发掘自己的兴趣所在。

图 1-2

图 1-3

◆ 造型处理与设计

主题确定后，设计师需要对所选的主题元素进行造型处理与设计。同一个主题可以通过不同的元素来表现，同一个元素也可以用多种造型来演绎，同一个造型也可以有不同的细节处理。所以在这个过程中，设计师需要对珠宝的造型进行多次尝试和调整，以达到最满意的设计效果，如图 1-4和图 1-5 所示。

图 1-4

图 1-5

◆ 定稿与绘制设计方案

当所有的设计造型与细节都被确定后，设计师就可以进行终稿的绘制。设计方案的终稿可以通过不同的图纸来呈现，一般来说终稿指的是效果图，但有时候设计师也需要与制作方进行细节沟通，以便其对制作环节进行指导。所以除了效果图外，设计师还需要绘制线稿或者三视图来呈现更完整、细化的定稿，如图 1-6和图 1-7 所示。

图 1-6

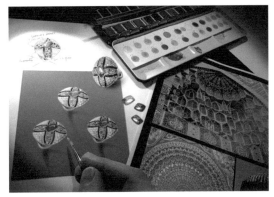

图 1-7

珠宝的加工制作阶段

珠宝的加工制作是实现设计方案的重要阶段，精湛的加工制作工艺是设计方案实现的重要保障。珠宝的加工制作工艺作为基础实现手段，会给设计带来更多的启发，并且焕然一新的设计方案也可能会为传统工艺开拓新思路，引导珠宝加工制作工艺突破自身局限，探索更多创新的可能性。

珠宝的加工制作阶段涉及非常多样且繁复的工艺，下文提到的工艺环节在实际设计生产中会被细致地分为更多工序。在这个漫长的加工过程中，要想设计能够完美呈现，设计师与工艺师需要充分沟通，更主动地把握加工环节，以保证不出现偏颇。所以，作为一名专业的珠宝设计师，对珠宝加工制作工艺的了解与把握是支撑其设计工作的重要专业知识储备。

◆ 配石

根据图纸进行准确的配石是珠宝加工制作的第一步。有的时候，设计方案是围绕主石展开的，那么设计师就可以跳过寻找主石的步骤，直接选择合适的配石。大多数设计师会选择已切磨成型的宝石，有时也会设计出一些别出心裁的方案，需要配一些非常见琢型的宝石时，就需要按照设计图纸进行磨石。设计师需要将所有宝石准备好，为制版和镶嵌做好准备，如图 1-8 和图 1-9 所示。

图 1-8

图 1-9

◆ 制版

制版是制作能够提供珠宝批量复制的核心模板。翻制时运用失蜡法，即将制作好的金属模板夹在两片硅胶片中，经过高温高压制成外范。将金属模板从硅胶模具中取出后，再在空腔的外范中注入首饰蜡，脱模后得到蜡版。重复此步骤，实现批量生产。所以核心金属模板非常重要，同时它也是设计图纸转变为立体实物的参考样品。如果核心模板没有达到最终应有的效果，可以在脱模的蜡版上进行调整，直至其达到符合设计方案的完美程度。

目前我国主要的制版方式有 3 种：手工雕蜡制版、计算机 3D 建模制版和手工起版。手工雕蜡制版是指雕蜡师运用雕蜡工具对首饰蜡进行手工雕刻，这种方法多用于不规则的、大件的首饰蜡版制作，如图 1-10 所示。计算机 3D 建模制版则是指运用首饰建模软件，如 Rhino、Jewel CAD 或 Matrix 进行虚拟模型建造，如图 1-11 所示，然后运用 3D 打印技术打印出首饰蜡版，如图 1-12 和图 1-13 所示。一些 3D 打印技术甚至跳过了蜡版浇铸后再翻制成金属的步骤，直接将金属 3D 打印成版。3D 打印技术的应用大大提高了珠宝首饰的加工制作效率，是目前最为普遍的加工方式。手工起版是指起版师直接将金属切割、组合、焊接成型，对起版师的工艺经验要求很高，工时较长，工费也相对更高。

图 1-10

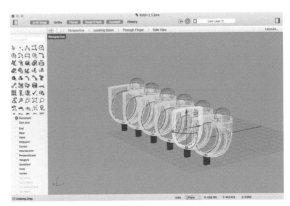

图 1-11

图 1-12

图 1-13

◆ 浇铸

浇铸是将蜡版转换成金属铸件的重要环节。批量制成的蜡版会被"种"在一棵蜡树上，如图 1-14 所示。运用失蜡法将整颗蜡树浸在石膏浆中，待冷凝后高温排出蜡液，得到石膏空腔，再将贵金属液体灌注入石膏空腔，待金属液体冷凝后，击碎石膏外范，清洗干净就得到了同样造型的金属铸件。

图 1-14

◆ 执模

刚从蜡树上剪下来的铸件是比较粗糙的，这时就需要对铸件进行打磨修整，这个环节就是执模，如图1-15所示。

图1-15

◆ 镶嵌

镶嵌能够将所有主石、配石牢牢地固定在金属上，宝石与金属通过小型的镶嵌结构组合在一起，以展现出作品的整体美感。制版的环节就会为大的主石留有镶嵌石位，小的配石会在这个步骤逐一确定石位，打石位孔，修整石位，最后进行镶嵌。镶嵌一方面能够展示宝石，另一方面也能够保护宝石，如图1-16和图1-17所示。

图1-16

图1-17

◆ 电镀

电镀是珠宝加工制作阶段的最后一步，如图1-18所示。有些珠宝会电镀与本体不同的贵金属，以改变金属的外观、提升珠宝的价值，比如银镀金。有些珠宝不需要改变外观，只需要增加一层保护膜，来避免珠宝表面因长时间佩戴可能产生的磨损和腐蚀，比如银镀铑。

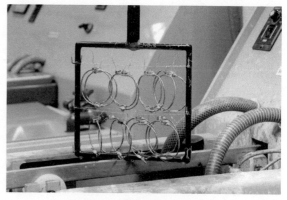

图1-18

第 2 章

珠宝首饰手绘
的流程和工具

CHAPTER 02

工欲善其事，必先利其器。想画好一幅设计图，好用的绘画工具是非常

重要的帮手。本章将珠宝首饰手绘的流程简单概括为 3 个阶段，首先是

设计构思阶段，其次是勾勒线稿和誊稿阶段，最后是效果图上色阶段。

这 3 个阶段分别画出的是设计的草图、线稿图和效果图。3 个阶段表现

的方式不同，涉及的绘画工具也有所不同。

设计构思阶段的工具及使用

设计之初，我们需要收集丰富的灵感要素。一一收集在笔记本上的同时，我们要将这些有趣的灵感要素在脑中进行转化。重要的是，我们要把这些宝贵的转化记录下来，让其成为设计方案的雏形，也就是设计草图。

在草图中，我们需要不断增减要素、调整结构、协调线条，把控整体造型到一个满意的程度。这个过程全部在设计师的笔记本或草纸上完成。由于是非常自由的创作阶段，绘画工具在这个阶段中应该尽可能便捷，而且尽可能展示出设计方案的效果，如图 2-1 所示。设计师可以选择自己喜欢的铅笔、钢笔、圆珠笔、马克笔、彩铅等任何习惯使用的绘画工具。

图 2-1

笔记本 随时捕捉灵感，记录创想的笔记库；可以记录捕捉到的元素、图像间的关系、想法的演变、文字注释等等。笔记本的风格与使用方法不拘一格，我们可根据自己的喜好和习惯而定，如图 2-2 所示。

笔 铅笔如图 2-3 所示，自动铅笔如图 2-4 所示，针管笔如图 2-5 所示，彩色铅笔如图 2-6 所示，马克笔如图 2-7 所示，这些都是可以用来画草图的笔类工具。

图 2-2

图 2-3

图 2-4

图 2-5

图 2-6

图 2-7

勾勒线稿与誊稿阶段的工具及使用

经过草图阶段的方案筛选，我们会选定一个认为最佳的设计方案向前推进。这一阶段的绘画，不仅仅是连接珠宝加工生产的明确指导，更是一个让设计师完善设计方案的必要梳理过程。所以这个阶段对于整个珠宝设计流程来说是至关重要的，对设计图的表现也有更加清晰、更加准确、更加具体的要求。

设计的结构造型都确定之后，接下来则要给出实物效果图，作为成品最终的效果呈现。设计师在画效果图之前，首先要根据所画珠宝的色调倾向来选择不同颜色的卡纸，选好后再把线稿的主视图或透视图稿誊转到卡纸上。这个环节主要运用拷贝工具和铅笔类绘画工具，为上色阶段打底，如图 2-8 所示。

图 2-8

这个阶段的绘图工具主要有白纸、笔头较细的自动铅笔、橡皮和各种尺子。

拷贝台 可以选用动画创作中常用的透台，如图 2-9 所示，其大小与 A4 纸相近，使用时把铅笔稿叠在硫酸纸下面，一起放在透台上描，可以将铅笔稿描画到硫酸纸上。

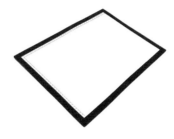

图 2-9

A4 白纸 / 笔记本 勾画线稿可以在笔记本或 A4 白纸上进行，便于清晰绘图和图纸对照，如图 2-10 所示。

图 2-10

卡纸 珠宝首饰绘图卡纸一般有浅灰、中灰、深灰或略带不同色调的颜色；另外也可以选用牛皮纸色的卡纸，适合画暖色调宝石较多的珠宝；灰色的卡纸可以说是百搭的衬底，既可以把多种颜色很好地糅合在高级灰的色调中，又能够将珠宝的雅致感衬托得很好，如图 2-11 所示。

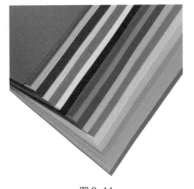

图 2-11

硫酸纸　拓稿的主要介质，通过与透台和铅笔的配合使用，最终可将画稿拓印到卡纸之上，如图2-12所示。

4B铅笔　为了让硫酸纸上的铅笔痕迹在卡纸上留痕更为清晰，建议选择铅色较重的4B铅笔，如图2-13所示。

自动铅笔　珠宝首饰的设计图一般都是1:1的比例，宝石刻面或镶嵌方式等细节在图上要体现得很细致，所以在勾线稿时一般用0.3mm的自动铅笔，如图2-14所示，铅色较轻，便于擦除。

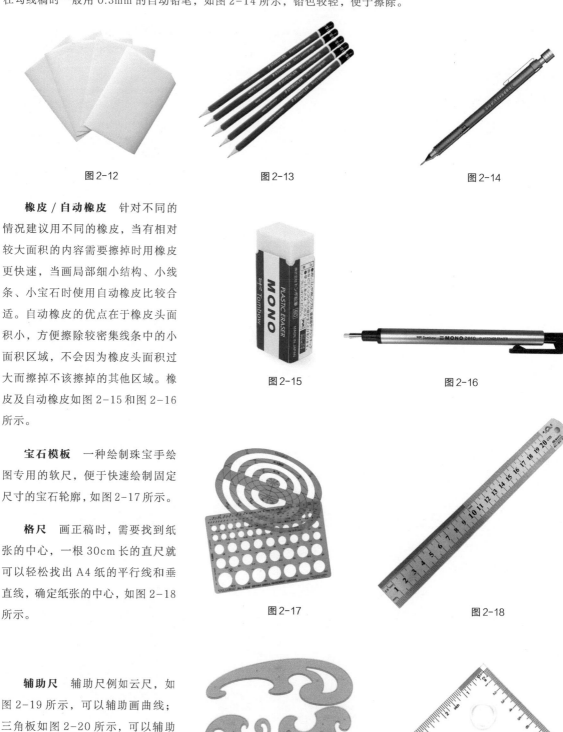

图2-12　　　　　　图2-13　　　　　　图2-14

橡皮 / 自动橡皮　针对不同的情况建议用不同的橡皮，当有相对较大面积的内容需要擦掉时用橡皮更快速，当画局部细小结构、小线条、小宝石时使用自动橡皮比较合适。自动橡皮的优点在于橡皮头面积小，方便擦除较密集线条中的小面积区域，不会因为橡皮头面积过大而擦掉不该擦掉的其他区域。橡皮及自动橡皮如图2-15和图2-16所示。

图2-15　　　　　　图2-16

宝石模板　一种绘制珠宝手绘图专用的软尺，便于快速绘制固定尺寸的宝石轮廓，如图2-17所示。

格尺　画正稿时，需要找到纸张的中心，一根30cm长的直尺就可以轻松找出A4纸的平行线和垂直线，确定纸张的中心，如图2-18所示。

图2-17　　　　　　图2-18

辅助尺　辅助尺例如云尺，如图2-19所示，可以辅助画曲线；三角板如图2-20所示，可以辅助确定直角方位。

图2-19　　　　　　图2-20

效果图上色阶段的工具及使用

效果图需要上色，我们需要尽可能表现出珠宝的整体美感、结构层次关系，还有金属、宝石的不同色彩和不同质感。在这一阶段主要运用的工具是颜料、勾线笔、调色盘、试色纸、涮笔缸等，如图 2-21 所示。

水粉／水彩颜料　根据个人的绘画习惯和想要达到的画面效果，可以选择水粉或水彩颜料着色；水粉的效果相对厚重，覆盖力强，便于遮盖和修改，而且价格较低，适合新手，如图 2-22 所示；水彩的效果相对透明轻薄，价格相对较高，图 2-23 所示为液体水彩，图 2-24 所示为固体水彩。

勾线笔　水粉或水彩的短杆勾线笔，可以选择笔毛具有弹性、吸水性适中的，一般有大、中、小 3 个尺寸，大号笔多用于铺底色、画阴影，中号笔多用于大量结构的亮部、暗部塑造，小号笔多用于勾画较为纤细的棱线、点画高光，如图 2-25 所示。

图 2-21

图 2-22

图 2-23

图 2-24

图 2-25

调色盘　相对环保的调色工具，在运用时可以分出虚拟的调色区域，比如一个颜色的宝石一个分区、高光一个分区、阴影一个分区，如图 2-26 所示。

试色纸　因为调色盘和卡纸的底色不同，还有颜色的干湿变化会导致调出的颜色和画到卡纸上的颜色出现偏差，所以在正式着色之前，需要先在试色纸上试一试颜色效果，确定是想要的颜色和含水度再下笔，如图 2-27 所示；试色纸的材质与效果图卡纸的材质相同，可以将一张卡纸剪下来一小块作为试色纸使用。

涮笔缸　透明的涮笔缸便于在洗笔水浑浊时及时换水，以免洗笔水的颜色影响到调和的颜色，如图 2-28 所示。

图 2-26

图 2-27

图 2-28

第 3 章

珠宝手绘
美术理论基础

CHAPTER 03

设计表达必须是他人可读懂的。客户、工匠都需要设计师提供尽可能接近真实的、可视的设计效果，尽可能减少设计图与成品之间的误差，以保证工作能够清晰且顺利地对接。作为一名珠宝设计师，我们需要遵循科学合理的绘画原理，让我们的珠宝设计表达得更加趋近真实效果，只有这样才能够让珠宝手绘效果图自己会"说话"。

空间表现原理——透视

透视，即"透而视之"。最初研究透视采取的是通过一块透明的平面去看景物的方法，将所见景物准确描画在这块平面上，即获得该景物的透视图，如图3-1所示。画透视图是制图和绘画领域的一种惯例。绘画是平面的，而世界是立体的，如果我们想要把真实的世界画下来，就需要用到透视，将三维世界投射到二维画面上来。

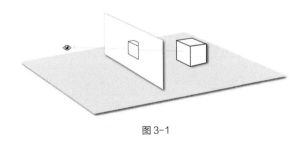

图3-1

◆ 透视的基本原理

我们看到的任何物体都是存在于空间中的，所以我们眼睛看到的任何场景中的任何实际物体都必然存在透视。画在二维纸面上的物体与结构都要通过透视原理去还原真实的空间关系和形体构造，这样才能够表现出真实的物体形态构造。我们通过科学的透视原理，将所绘之物画得更符合空间原理，才能将珠宝首饰画得更真实准确。

近大远小：离得近的物体看起来大，离得远的物体看起来小，视线中的物体远到差不多快在视线中消失的时候，在视线中就变成一个点，如图3-2所示。

近实远虚：离得近的物体看起来更清晰，离得远的物体看起来比较模糊，如图3-2所示。

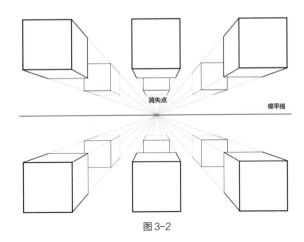

图3-2

◆ 珠宝手绘中透视的运用

零点透视：如果一个画面中没有消失点，也没有透视，那么这就是零点透视画面，标准三视图就是典型的零点透视图。

本书讲到的珠宝首饰的标准三视图属于透视场景中的一种特殊角度，如图3-3所示。学习透视原理能够帮助我们更好地理解和观察，画出正确的三视图。

一点透视：画面中只有一个消失点，这就是一点透视，如图3-4所示。当我们正好面对构图物体的某个正面时，一般采用一点透视的画法，或我们只画一种单纯的结构时，常用一点透视。

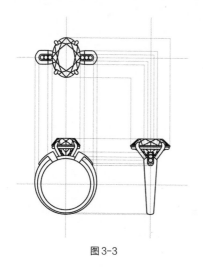

图 3-3

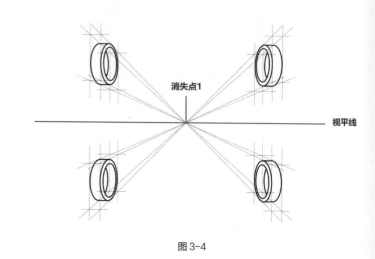

图 3-4

两点透视：一个画面中有两个消失点就是两点透视，一般表现组合结构时，都使用两点透视的画法，如图 3-5 所示。两点透视也是珠宝首饰效果图中最常用到的透视，我们绘制的珠宝首饰效果图几乎都是两点透视图。

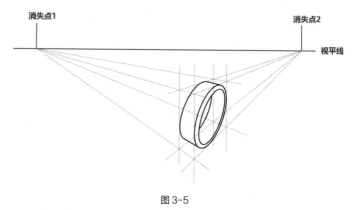

图 3-5

素描绘画能力——光影关系

光是因，影是果，有光的地方就有影。光影关系是物体的自身结构在光照下形成的明暗变化，我们通常称光影关系为明暗、黑白灰。如果说结构是塑造立体造型的筋骨，那么光影就是素描的血肉，处理好光影关系可以让画面丰满真实而富有表现力。

◆ 光影关系的基本原理

光影关系的五大要素包含亮面、灰面、明暗交界线、暗面、投影，观察所有的物体，都包含这五大光影要素，如图 3-6 所示。

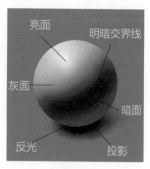

图 3-6

◆ 珠宝手绘中光影关系的运用

画面中的光影关系能使物体自身形态结构得到强化。空间中的物体一旦可视，那么便默认存在一个固定光源，在绘图过程中尽可能还原光照的场景，还原正确的光影关系，能使我们的手绘图更加真实、准确。

手绘珍珠的光影关系解析，如图3-7和图3-8所示。

图3-7

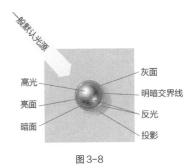

图3-8

手绘蛋面宝石的光影关系解析，如图3-9和图3-10所示。

图3-9

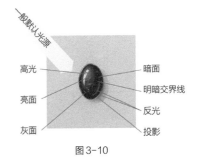

图3-10

手绘刻面宝石的光影关系解析，如图3-11和图3-12所示。

图3-11

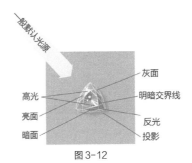

图3-12

色彩绘画能力——色彩关系

只有凭借光我们的眼睛才能看到物体的色彩。我们能够看到不同的色彩，是由于构成各种物体的不同物质选择性吸收、反射、透射光的结果，如图3-13和图3-14所示。

图3-13

图3-14

色彩是光、物体、眼睛三者共同作用的产物。色彩关系主要指色相、明度、纯度在视觉规律下形成的一种作用关系。色彩之间的相互作用关系决定了色彩、色相、明度、纯度、色调、色性的确定并非是局部的、孤立的，而是在一个环境关系中通过整体的比较而获得的。

◆ 色彩关系的基本原理

任何色彩都有色相、明度、纯度3个基本性质。当色彩间发生作用时，除以上3种基本性质外，各种色彩间还会形成色调。因此，色相、明度、纯度、色调和色性这5种性质构成了色彩的要素。

色相：色彩的相貌，是区别色彩种类的名称。不同色相的色彩如图3-15所示。

明度：色彩的明暗程度，即色彩的深浅差别。明度差别既指同色的深浅变化，又指不同色相之间存在的明度差别。不同明度的色彩如图3-16所示。

纯度：色彩的纯净程度，又称彩度或饱和度。某一纯净色加上白色或黑色，可降低纯度，或趋于柔和，或趋于沉重。不同纯度的色彩如图3-17所示。

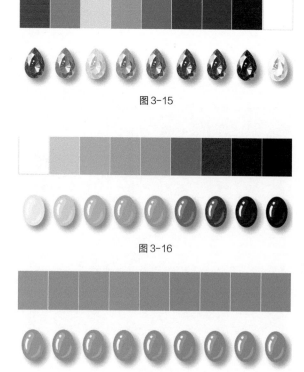

图3-15

图3-16

图3-17

◆ 珠宝手绘中色彩关系的运用

珠宝手绘图作为设计图的一种，一方面要遵循基本的美术色彩关系原理，另一方面也要为珠宝设计生产的效率考虑。所以，珠宝设计作品的整体色彩搭配可以依据色彩关系原理进行选择，而在手绘表现中描画局部宝石、金属或镶嵌结构时，则要弱化甚至去除对真实色彩的描画，比如宝石内部的多次折射、反射在宝石刻面上的环境色等。回避如同油画一般细腻的表现方式，允许用相对概括、模式化的绘画方法来快速表现设计效果，可以提高设计图的绘制效率。

色相

在珠宝设计中，大致可以将设计按照色相分为无彩色系和有彩色系两类。

无彩色系：仅用黑、白、灰3种颜色构成设计画面，如图3-18所示。

有彩色系：用除黑、白、灰以外的颜色构成设计画面，如图3-19所示。

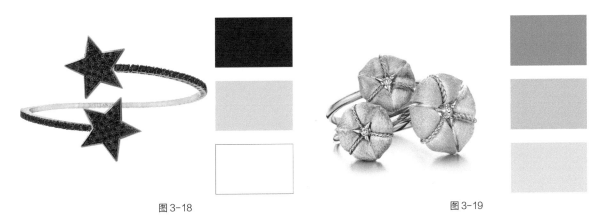

图 3-18   图 3-19

色性

在色彩理论中，色性是指色彩的冷、暖之别。我们在进行珠宝设计时，要注意对金属、宝石材质色性的把握。

冷色调：相对多地运用冷色系金属、宝石等材料，营造出冷色调的视觉感受，如图3-20所示。

暖色调：相对多地运用暖色系金属、宝石等材料，营造出暖色调的视觉感受，如图3-21所示。

图 3-20   图 3-21

色调

　　画面是由具有某种内在联系的各种色彩组成的完整、统一的整体，画面色彩总的趋向称为色调。在有彩色系的珠宝设计方案中，设计师能够适当地把握色调非常有助于配石环节的色彩搭配。这里要强调一下，珠宝设计对于一个方案色调的定义，是针对方案整体的视觉印象而言的，是金属、主石、配石等所有材质的颜色在眼睛的观察下形成的色彩整体效果，而并非指某一局部的色相，所以也有可能出现暖色调设计方案里用到冷色系宝石的情况，最终还是要根据整体设计效果而定调。良好地把握色调，能够对方案的整体和谐性、节奏感和风格起到决定性作用，如图 3-22 至图 3-25 所示。

绿色调图例

图 3-22

玫红色调图例

图 3-23

蓝色调图例

图 3-24

紫色调图例

图 3-25

明度

在珠宝设计中，对明度的把握同样是从整体进行的。珠宝设计方案的明度大致可以分为低明度、中明度、高明度3个类别。这3个类别并没有严格意义的划分界限，只要在搭配金属和宝石的过程中能够平衡好明度之间的关系和整体效果即可。

低明度：相对大比例地运用低明度的金属、宝石等材料，营造出低明度的视觉感受，如图3-26和图3-27所示。

图3-26   图3-27

中明度：相对大比例地运用中明度的金属、宝石等材料，营造出中明度的视觉感受，如图3-28和图3-29所示。

图3-28   图3-29

高明度：相对大比例地运用高明度的金属、宝石等材料，营造出高明度的视觉感受，如图3-30和图3-31所示。

图3-30   图3-31

纯度

对于宝石而言，颜色相对较纯、较艳的则为优质宝石，所以在珠宝首饰设计的选石过程中，选用纯度较高的宝石的情况较多。相反，颜色纯度低、较灰的则为次等宝石，但也不乏设计师从色彩搭配角度出发，设计出非常漂亮的低纯度配石方案，也一样具有较强的美感，完美地体现出设计对于珠宝的意义。

高纯度：相对大比例地运用高纯度的宝石等材料，营造出高纯度的整体效果，如图3-32所示。

图3-32

低纯度：相对大比例地运用低纯度的宝石等材料，营造出低纯度的整体效果，如图3-33所示。

图3-33

第 4 章

绘制线稿

CHAPTER 04

用一支自动铅笔就可以把珠宝设计的线稿绘制出来，工具简单，易于操控。对于珠宝设计手绘的初学者来说，认真画好线稿有助于提升自信，辅助训练宝石与工艺的结构基础，对下一步的着色非常有帮助。另外，绘制的珠宝线稿也可以作为设计前期的草图或简化版的效果图使用。在实际的珠宝设计过程中，精确的线稿绘制具有非常重要的作用。

宝石单体线稿

学习画宝石单体线稿是学习珠宝手绘的第一步，这一步非常有助于我们理解宝石的琢型结构，更重要的是，这些线稿会作为底稿在后期的着色阶段被高频应用，所以我们在学习珠宝手绘的初期要尽可能熟悉这一步，单体线稿会帮助我们奠定珠宝手绘的自信心。

在学习绘制线稿之前，我们需要先了解一个关于宝石形状的概念——宝石琢型。我们把刚从矿床中开采出的尚未经过琢磨的宝石称为原石。如果我们按照一定的规格、方法将原石加工成某些特定形状，这些不同的琢磨形状就叫作宝石的琢型。琢型可以分为蛋面琢型如图4-1所示，刻面琢型如图4-2所示和随型如图4-3所示3类，各类琢型在外观上有很明显的区别。

图4-1

图4-2

图4-3

◆ 蛋面宝石

蛋面琢型的宝石拥有流畅光滑的外观，表面弯曲、有弧度，一般除了腰线，不会出现平面琢磨的棱角，如图4-4（1）、（2）、（3）所示。蛋面琢型多用于非贵重的半宝石、透明度不高或硬度低的宝石，部分具有特殊光学效果的宝石需要用蛋面琢型来呈现。

图4-4（1）

图4-4（2）

图4-4（3）

蛋面宝石线稿的画法

常见的蛋面琢型有圆型如图4-5（1）、（2）所示，椭圆型如图4-6（1）、（2）所示，水滴型如图4-7（1）、（2）所示，马眼型如图4-8（1）、（2）所示，枕垫型如图4-9（1）、（2）所示，方型如图4-10（1）、（2）所示，心型如图4-11（1）、（2）所示，三角型如图4-12（1）、（2）所示，叶型如图4-13（1）、（2）所示，糖塔型如图4-14（1）、（2）所示，共10种。因为蛋面琢型的宝石表面是光滑无棱角的，所以我们在绘制时，只要画出顶视角度下的腰线轮廓即可，可以根据宝石的长、宽的尺寸借助宝石模板勾勒或徒手勾勒。

圆型蛋面图例及线稿

图 4-5（1）

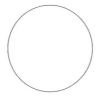

图 4-5（2）

椭圆型蛋面图例及线稿

图 4-6（1）

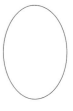

图 4-6（2）

水滴型蛋面图例及线稿

图 4-7（1）

图 4-7（2）

马眼型蛋面图例及线稿

图 4-8（1）

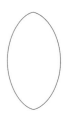

图 4-8（2）

枕垫型蛋面图例及线稿

图 4-9（1）

图 4-9（2）

方型蛋面图例及线稿

图 4-10（1）

图 4-10（2）

心型蛋面图例及线稿

图 4-11（1）

图 4-11（2）

三角型蛋面图例及线稿

图 4-12（1）

图 4-12（2）

叶型蛋面图例及线稿

图 4-13（1）

图 4-13（2）

糖塔型蛋面图例及线稿

图 4-14（1）

图 4-14（2）

第 4 章　绘制线稿 | 033

蛋面宝石侧面线稿图例

蛋面宝石有以下3种不同的底部琢型：平底型如图4-15所示、凸底型如图4-16所示、尖底型如图4-17所示。

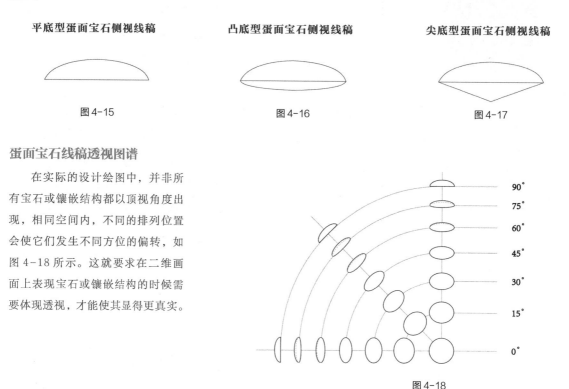

平底型蛋面宝石侧视线稿

图4-15

凸底型蛋面宝石侧视线稿

图4-16

尖底型蛋面宝石侧视线稿

图4-17

蛋面宝石线稿透视图谱

在实际的设计绘图中，并非所有宝石或镶嵌结构都以顶视角度出现，相同空间内，不同的排列位置会使它们发生不同方位的偏转，如图4-18所示。这就要求在二维画面上表现宝石或镶嵌结构的时候需要体现透视，才能使其显得更真实。

90°
75°
60°
45°
30°
15°
0°

图4-18

◆ 刻面宝石

刻面琢型的宝石的外观由数个具有一定几何形状的小平面构成，如图4-19（1）、（2）、（3）所示。这些小平面能够将照进宝石内部的光线折射出来，从而表现宝石美丽的色泽，提高宝石的亮度。与"素面朝天"的蛋面宝石相比，琢磨刻面宝石的工艺相对更为复杂和耗时，所以刻面琢型多用于贵重宝石和透明度较好的半宝石。

图4-19（1）

图4-19（2）

图4-19（3）

常见的刻面琢型有十余种，有圆型如图4-20（1）、（2）所示，椭圆型如图4-21（1）、（2）所示，水滴型如图4-22（1）、（2）所示，马眼型如图4-23（1）、（2）所示，心型如图4-24（1）、（2）所示，枕垫型如图4-25（1）、（2）所示，三角型如图4-26（1）、（2）所示，祖母绿型如图4-27（1）、（2）所示，辐射型如图4-28（1）、（2）所示，公主方型如图4-29（1）、（2）所示，玫瑰型如图4-30（1）、（2）所示。

圆型刻面宝石图例及线稿

图 4-20（1）

图 4-20（2）

椭圆型刻面宝石图例及线稿

图 4-21（1）

图 4-21（2）

水滴型刻面宝石图例及线稿

图 4-22（1）

图 4-22（2）

马眼型刻面宝石图例及线稿

图 4-23（1）

图 4-23（2）

心型刻面宝石图例及线稿

图 4-24（1）

图 4-24（2）

枕垫型刻面宝石图例及线稿

图 4-25（1）

图 4-25（2）

三角型刻面宝石图例及线稿

图 4-26（1）

图 4-26（2）

祖母绿型刻面宝石图例及线稿

图 4-27（1）

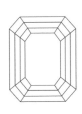

图 4-27（2）

辐射型刻面宝石图例及线稿

图 4-28（1）

图 4-28（2）

公主方型刻面宝石图例及线稿

图 4-29（1）

图 4-29（2）

图 4-30（1）

图 4-30（2）

刻面宝石线稿画法

首先来了解刻面宝石的结构。以明亮式切割的圆型钻石为例，一颗刻面宝石可分为 3 部分：冠部、腰部、亭部，如图 4-31 所示。

冠部的正中心是台面，以台面为中心由内向外依次为星刻面、风筝面、上腰小面，如图 4-32 所示。

亭部由亭部刻面和下腰小面构成，如图 4-33 所示。

图 4-31

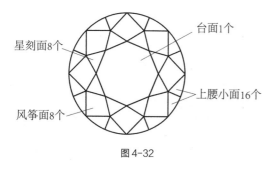

图 4-32

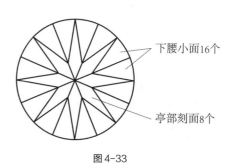

图 4-33

刻面宝石的线稿绘制方法在这一小节里分成两类——"8 边画法"和"单独记忆"。"8 边画法"是一种以"8"为单位的刻面宝石线稿画法，运用的辅助线为 8 条，宝石台面的棱为 8 条，次第向外层延伸的棱同样是 8 组，绘画步骤也是 8 步。下面以圆型刻面宝石为典型案例进行步骤演示。

圆型刻面宝石线稿画法——"8 边画法"的基本步骤

STEP 01

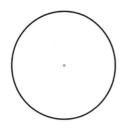

图 4-34

根据预设的宝石直径，画出圆形轮廓，如图 4-34 所示。

STEP 02

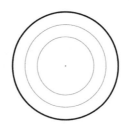

图 4-35

画出两个同心圆作为辅助线。最内侧的同心圆的直径稍大于最外侧圆形直径的 1/2，另一个同心圆刚好在两个圆的中间，如图 4-35 所示。

STEP 03

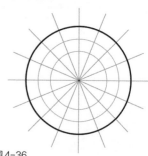

图 4-36

穿过圆心画出 8 条直线，将圆形轮廓 16 等分，如图 4-36 所示。

STEP 04

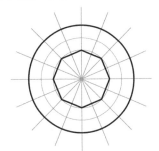

图4-37

将最内侧同心圆和16等分辅助线的交点每隔一个进行线段连接，得到宝石的8边台面，如图4-37所示。

STEP 05

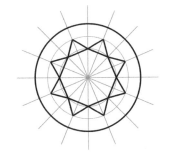

图4-38

以台面的8个边为底边，以第二层同心圆和相邻辅助线的交点为顶点，画出8个小三角形，得到8个星刻面，如图4-38所示。

STEP 06

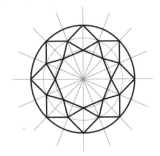

图4-39

以8个星刻面的顶点为起点，向最外侧轮廓和相邻辅助线的交点画线段，画出8个四边形，得到8个风筝面，如图4-39所示。

STEP 07

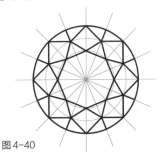

图4-40

从风筝面的两翼端点沿辅助线向最外圈轮廓画线段，得到16个上腰小面，如图4-40所示。

STEP 08

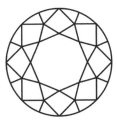

图4-41

擦除所有辅助线，得到圆型刻面宝石线稿，如图4-41所示。

椭圆型、水滴型、马眼型、枕垫型、心型刻面宝石线稿画法——"8边画法"的多种琢型展示

本部分将对刻面宝石线稿的"8边画法"进行多种琢型的展示，让大家更容易理解其灵活通用性。大家可以把每一步与绘制圆型刻面宝石的步骤对照，辅助理解和记忆。

STEP 01

根据预设的宝石尺寸，画出琢型轮廓，确定宝石的中心点，注意水滴型和心型的中心点位置稍有不同，如图4-42（1）~（5）所示。

图4-42（1）

图4-42（2）

图4-42（3）

图4-42（4）

图4-42（5）

STEP 02

画两个相似形作为辅助线。最内侧的相似形尺寸稍大于最外侧轮廓尺寸的1/2，注意它们之间的间距要相同，如图4-43（1）~（5）所示。

图4-43（1）　　　　　图4-43（2）　　　　　图4-43（3）　　　　　图4-43（4）　　　　　图4-43（5）

STEP 03

画出16等分辅助线。这一步要注意，由于宝石的长、宽各不相同，所以辅助线不能进行实际上的等分，在视觉上调整至适当的切分角度即可，如图4-44（1）~（5）所示。

图4-44（1）　　　　　图4-44（2）　　　　　图4-44（3）　　　　　图4-44（4）　　　　　图4-44（5）

STEP 04

用线段将最内侧辅助线和16等分辅助线的交点每隔一个进行连接，得到宝石的8边台面，如图4-45（1）~（5）所示。

图4-45（1）　　　　　图4-45（2）　　　　　图4-45（3）　　　　　图4-45（4）　　　　　图4-45（5）

STEP 05

以台面的8个边为底边，以第二层同心环和相邻辅助线的交点为顶点，画出8个小三角形，得到8个星刻面，如图4-46（1）~（5）所示。

图4-46（1）　　　　　图4-46（2）　　　　　图4-46（3）　　　　　图4-46（4）　　　　　图4-46（5）

STEP 06

以8个星刻面的顶点为起点，向最外侧轮廓和相邻辅助线的交点画线段，画出8个四边形，得到8个风筝面，如图4-47（1）~（5）所示。

图4-47（1）　　　　图4-47（2）　　　　图4-47（3）　　　　图4-47（4）　　　　图4-47（5）

STEP 07

从风筝面的两翼端点沿辅助线向最外圈轮廓画线段，得到16个上腰小面，如图4-48（1）~（5）所示。

图4-48（1）　　　　图4-48（2）　　　　图4-48（3）　　　　图4-48（4）　　　　图4-48（5）

STEP 08

擦除所有辅助线，得到刻面宝石线稿，如图4-49（1）~（5）所示。

图4-49（1）　　　　图4-49（2）　　　　图4-49（3）　　　　图4-49（4）　　　　图4-49（5）

三角型刻面宝石线稿画法——"8边画法"中的特例

　　三角型刻面宝石线稿画法的特殊之处在于，它并非是"8边画法"，而是"6边画法"。除此之外，其原理、步骤与"8边画法"完全相同。注意在画三角型刻面宝石线稿时，等分辅助线的数量为6条。

STEP 01

图4-50

根据预设的宝石尺寸，画出三角型轮廓，确定中心点，如图4-50所示。

STEP 02

图4-51

画两个相似形，如图4-51所示。

STEP 03

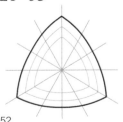

图4-52

画出12等分辅助线。如果宝石是正三角型，则辅助线画12等分线；如果不是正三角型，则要根据宝石的长、宽，调整辅助线的切分角度，如图4-52所示。

STEP 04

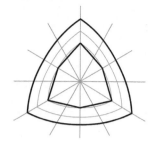

图4-53

用线段将最内侧辅助线和12等分辅助线的交点每隔一个进行连接，得到宝石的6边台面，如图4-53所示。

STEP 05

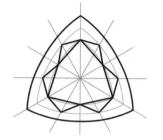

图4-54

以台面的6个边为底边，以第二层同心环和相邻12等分辅助线的交点为顶点，画出6个小三角形，得到6个星刻面，如图4-54所示。

STEP 06

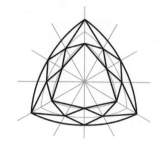

图4-55

以6个星刻面的顶点为起点，向最外侧轮廓和相邻辅助线的交点画线段，画出6个四边形，得到6个风筝面，如图4-55所示。

STEP 07

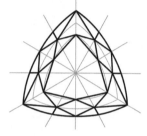

图4-56

从风筝面的两翼端点沿辅助线向最外侧轮廓画线段，得到12个上腰小面，如图4-56所示。

STEP 08

图4-57

擦除所有辅助线，得到三角型刻面宝石线稿，如图4-57所示。

其他琢型刻面宝石线稿画法

祖母绿型、辐射型、公主方型、玫瑰型这4种琢型各有特点，我们需要对它们的线稿进行"单独记忆"。

祖母绿型刻面宝石线稿画法

STEP 01

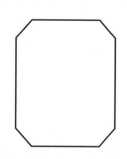

图4-58

根据预设的宝石尺寸画出祖母绿型刻面宝石的轮廓，如图4-58所示。

STEP 02

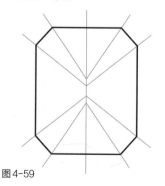

图4-59

画出辅助线，如图4-59所示。

STEP 03

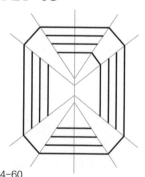

图4-60

画出平行于轮廓的3组平行线，如图4-60所示。

STEP 04

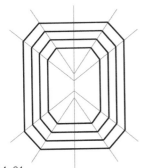

图4-61

分别连接3组平行线的端点，形成4环相套的闭环，如图4-61所示。

STEP 05

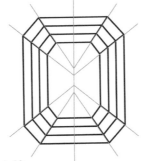

图4-62

沿着8个角上的辅助线，画出8条棱线，如图4-62所示。

STEP 06

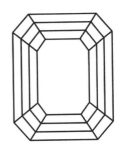

图4-63

擦除所有辅助线，得到祖母绿型刻面宝石线稿，如图4-63所示。

辐射型刻面宝石线稿画法

STEP 01

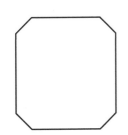

图4-64

根据预设的宝石尺寸画出辐射型刻面宝石的轮廓，如图4-64所示。

STEP 02

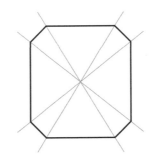

图4-65

画出辅助线，如图4-65所示。

STEP 03

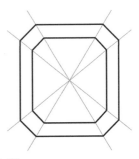

图4-66

画出一个同心环，注意辅助线要恰好穿过同心环8个角的端点，如图4-66所示。

STEP 04

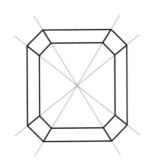

图4-67

将内外两层同心环的端点用短线连接，如图4-67所示。

STEP 05

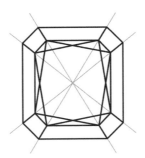

图4-68

将内侧同心环一侧的两个端点和相邻两侧的两个端点进行交叉连接，如图4-68所示。

STEP 06

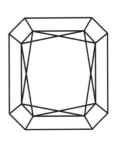

图4-69

擦除所有辅助线，得到辐射型刻面宝石线稿，如图4-69所示。

STEP 01

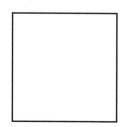

图4-70

根据预设的宝石尺寸画出正方形轮廓,如图4-70所示。

STEP 02

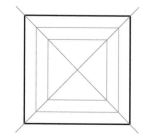

图4-71

画出穿过4个角的十字辅助线和两个相似形,如图4-71所示。

STEP 03

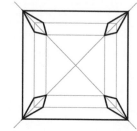

图4-72

画出4个四边形。四边形的两个角分别落在轮廓一角和与最内侧同心环相对的一角上,两翼落在中间的同心环上。注意4个四边形的形状要对称、一致,如图4-72所示。

STEP 04

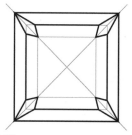

图4-73

用线段连接相邻四边形的两翼端点,如图4-73所示。

STEP 05

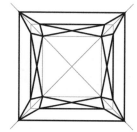

图4-74

将相邻四边形的两翼端点和顶点交叉连接,如图4-74所示。

STEP 06

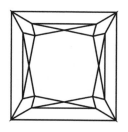

图4-75

擦除所有辅助线,得到公主方型刻面宝石线稿,如图4-75所示。

玫瑰型刻面宝石线稿画法

STEP 01

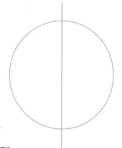

图4-76

根据预设的宝石直径画一个圆形和一条穿过圆心的垂直辅助线,如图4-76所示。

STEP 02

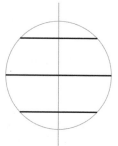

图4-77

画3条水平线段,中间的一条穿过圆心,注意上下对称,把圆形分成4部分,如图4-77所示。

STEP 03

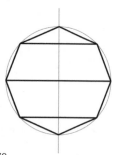

图4-78

沿着圆形将相邻的端点连接起来,形成一个八边形的闭环,如图4-78所示。

STEP 04

图4-79

在正中心画两个上下对称的等腰三角形，底边在水平中线上，顶点在垂直辅助线上，如图4-79所示。

STEP 05

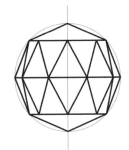

图4-80

以STEP 04的三角形为中心，向两侧画出透视角度逐渐变大的多个三角形，如图4-80所示。

STEP 06

图4-81

画出上部和下部的三角形，如图4-81所示。

STEP 07

擦除所有辅助线，得到玫瑰型刻面宝石线稿，如图4-82所示。

图4-82

刻面宝石线稿透视图谱

　　刻面宝石的线稿透视图相较于蛋面宝石的线稿透视图略微复杂一些，因为刻面宝石冠部的所有刻面都要随着透视角度的偏转而发生变化。随着角度的偏转，宝石的腰部和亭部的某些部分也会被看到，如图4-83所示。

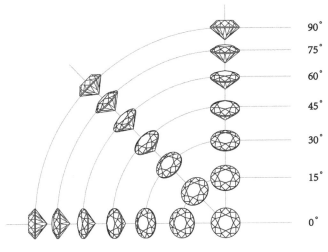

图4-83

镶嵌结构线稿的画法

　　镶嵌结构的表现也是珠宝设计效果图的重要部分，它的作用非常丰富，主要包括交代金属材质、交代宝石镶嵌方式和交代结构造型3个方面。在这一节里，列举了8种常用的宝石镶嵌方式，案例中的镶嵌方式均单独出现。在实际的设计制作中，很多镶嵌方式可以相互结合、组合运用。

◆ 包镶线稿的画法

　　包镶，顾名思义就是把宝石包起来的一种镶嵌方式。包镶线稿的画法通常是从顶视角度画出单体的宝石和紧紧包在宝石轮廓上的镶口。

STEP 01

图4-84

根据预设的宝石尺寸画出宝石刻面，如图4-84所示。

STEP 02

图4-85

确定包镶镶边的厚度，画出镶边，如图4-85所示。

◆ 爪镶线稿的画法

　　爪镶就是利用柱状的镶爪结构，把宝石牢牢"抓在"镶口上。爪镶线稿的画法通常是从顶视角度画出单体的宝石和固定宝石的镶爪。注意镶爪的分布要平均。

STEP 01

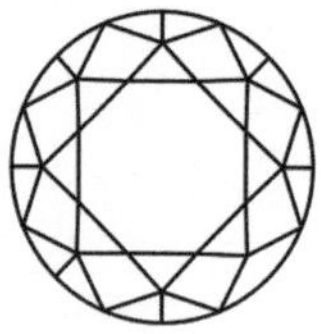

图4-86

确定宝石尺寸，画出宝石刻面，如图4-86所示。

STEP 02

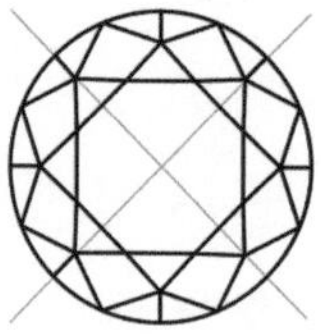

图4-87

画出十字辅助线，确定镶爪的位置，如图4-87所示。

STEP 03

图4-88

画出镶爪，如图4-88所示。

STEP 04

图4-89

擦掉所有辅助线，得到爪镶线稿，如图4-89所示。

◆ 共齿镶线稿的画法

共齿镶相当于多个爪镶结构排列成线的一种缩进结构，适用于线形、单排宝石的镶嵌，在配石部分较为多见。由于这种镶嵌方式共用了很多镶爪，所以相对减少了金属的用料，同时能够减小宝石之间的间隙，使宝石的排列更为紧凑。共齿镶的内部结构被遮盖，在画线稿时画出宝石和镶爪即可，要注意宝石和镶爪在曲线排列时的透视变化。

STEP 01

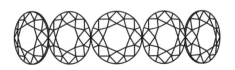

图4-90

画出一排刻面宝石，注意透视要准确，如图4-90所示。

STEP 02

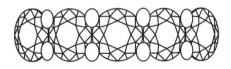

图4-91

在两颗宝石之间画上共用的镶爪，注意镶爪也要随着宝石的角度偏转而有所变化，如图4-91所示。

◆ 轨道镶线稿的画法

轨道镶就像用一个有卡槽的盒子，把宝石封在里面。这种镶嵌方式多运用于方型、长方型、T型或圆型宝石的镶嵌，能够使宝石形成互相紧挨而且没有镶爪的效果。

STEP 01

根据预设的宝石尺寸画出轨道镶镶槽与镶边，如图4-92所示。

图4-92

STEP 02

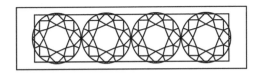

图4-93

确定宝石的形状、个数，画出宝石刻面，如图4-93所示。

STEP 03

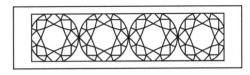

图4-94

擦除被镶边盖住的宝石刻面的线条，得到轨道镶线稿，如图4-94所示。

◆ 起钉镶线稿的画法

   起钉镶是大面积镶嵌时经常运用的一种镶嵌方式。这种镶嵌方式多采用尺寸统一或相近的圆型宝石，让宝石在有一定造型的平面或曲面上相邻排布。相邻宝石之间有共用的镶爪，这些镶爪一方面可以固定宝石，另一方面还有填补宝石空隙的装饰作用。在画起钉镶线稿时需要注意宝石之间的空隙要适中，不可太密或太疏。

线形起钉镶绘画步骤分解

STEP 01

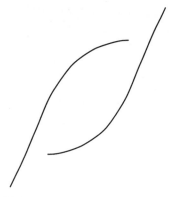

图4-95

确定起钉镶镶板的大致造型与位置，如图4-95所示。

STEP 02

图4-96

勾画镶板的轮廓，如图4-96所示。

STEP 03

图4-97

画出镶板边缘的镶边，如图4-97所示。

STEP 04

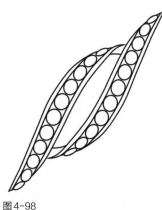

图4-98

逐一画出宝石，注意宝石的透视、疏密要适当，如图4-98所示。

STEP 05

图4-99

按照宝石的位置与透视关系，画出宝石刻面，如图4-99所示。

STEP 06

图4-100

画出镶爪，注意镶爪要尽可能填补镶板的空隙，如图4-100所示。

STEP 01

图4-101

勾画镶板的整体造型，如图4-101
所示。

STEP 02

图4-102

在镶板边缘画出镶边，如图4-102
所示。

STEP 03

图4-103

逐一画出宝石，注意宝石要随着曲面
产生透视、疏密的变化，如图4-103
所示。

STEP 04

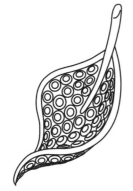

图4-104

画出宝石的刻面，如图4-104所示。

STEP 05

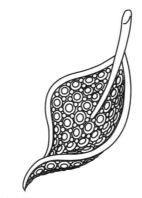

图4-105

画出镶爪，注意镶爪的位置与透视要
正确，如图4-105所示。

◆ 无边镶线稿的画法

　　无边镶，顾名思义是看不到镶边的一种镶嵌方式，金属结构隐藏在宝石内部，所以外部看不到镶嵌结构，其金属结构和宝石形成类似于地板块拼接的整体结构。该方式由于对宝石的硬度有很高的要求，所以常用于红宝石和蓝宝石的镶嵌，在外观上只可以看到被切磨成地板块状的宝石镶嵌而成的组合造型。

STEP 01

图4-106

画出无边镶的造型轮廓,如图4-106
所示。

STEP 02

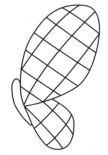

图4-107

画出无边镶的石位,如图4-107所示。

STEP 03

图4-108

在石位上画出宝石刻面,得到无边镶
线稿,如图4-108所示。

◆ 凹镶线稿的画法

凹镶也叫澳镶,它的结构相当于在洞里镶嵌一颗宝石,宝石的台面一般不高于金属表面。所镶嵌的宝石是什么
形状,在金属上打的洞就是什么形状。洞口边缘可以处理成圆滑或方正的。

STEP 01

图4-109

画出凹镶所在的金属面轮廓,如图
4-109所示。

STEP 02

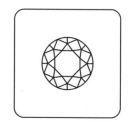

图4-110

确定宝石的位置,画出宝石刻面,如
图4-110所示。

STEP 03

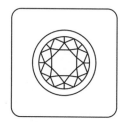

图4-111

根据宝石轮廓勾画凹镶的边沿,得到
凹镶线稿,如图4-111所示。

◆ 卡镶线稿的画法

卡镶是将宝石卡在金属之间的一种镶嵌方式,一般在对向两侧的金属上有两个卡槽,宝石卡在卡槽上,可以
营造出宝石悬浮的效果。金属部分要达到一定的厚度,才能保证镶嵌结构足够坚固、不易变形,宝石不至于因为金
属受力扭曲变形而脱落。

STEP 01

图4-112

画出宝石两侧的金属卡镶部分,如图
4-112所示。

STEP 02

图4-113

在金属之间画出刻面宝石。宝石的直
径要稍大于金属卡槽的间距,如图
4-113所示。

STEP 03

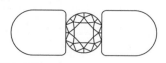

图4-114

擦除多余的线条,得到卡镶线稿,如
图4-114所示。

线稿绘制的综合应用

整幅线稿是设计方案造型及所有宝石单体、镶嵌结构的综合表现。它的绘图思路是先整体后局部，换到实际绘制顺序上说就是，先框出整体造型，再画骨架结构，最后再在骨架结构上画出镶嵌结构和宝石。

◆ 案例 1——三角型刻面宝石耳环整幅线稿

这是一对以三角型刻面宝石为主石的耳环，其造型通过柱状结构搭建成一个立体的空间，在这个小小的立体空间上点缀有很多体量较小的彩色宝石，以丰富这对耳环的视觉节奏和色彩。这个设计案例可以充分展示整幅线稿"先整体后局部"的绘制过程。

STEP 01

图4-115

找到卡纸的中心，定好两只耳环的大致位置，并用直线框出耳环的大致轮廓，如图4-115所示。

STEP 02

图4-116

确定主石的位置，画出主石的轮廓，如图4-116所示。

STEP 03

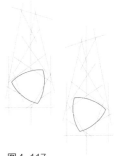

图4-117

确定金属结构的位置，如图4-117所示。

STEP 04

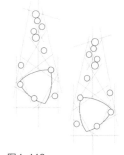

图4-118

确定配石包镶镶口的位置，画出镶口的形状，如图4-118所示。

STEP 05

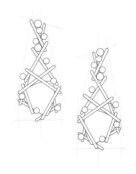

图4-119

勾勒出金属结构的长短、粗细，如图4-119所示。

STEP 06

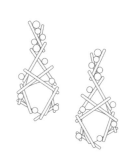

图4-120

擦除所有辅助线，如图4-120所示。

STEP 07

图4-121

画出主石和配石的宝石刻面，如图4-121所示。

STEP 08

图4-122

画出金属结构上起钉镶的配石，如图4-122所示。

◆ 案例2——椭圆型刻面宝石戒指三视图

这是一枚造型协调、结构简洁的戒指。在珠宝手绘中表现一枚戒指最适合的方式，是在同一张图纸上画出三视图，这样有助于全方位展现戒指的立体结构和造型。所以在此案例中将绘制三视图，为绘制多角度视图的线稿做一个示范。

STEP 01

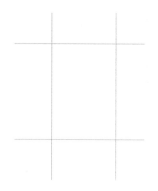

图4-123

在纸上画出两条水平辅助线和两条垂直辅助线。辅助线的其中3个交点分别是正视、顶视和侧视视角下戒指的中心点，如图4-123所示。

STEP 02

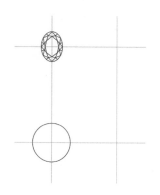

图4-124

定左下方的辅助线交点为正视视角下戒圈的中心。首先，根据戒指的内壁直径画出一个圆，作为戒指的内壁轮廓。其次，定左上方的辅助线交点为顶视视角下主石的中心，根据主石的尺寸画出宝石轮廓及其刻面，如图4-124所示。

STEP 03

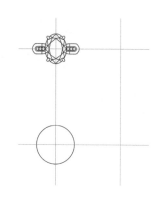

图4-125

画出顶视视角下戒指的造型及镶嵌结构，顶视图绘制完毕，如图4-125所示。

STEP 04

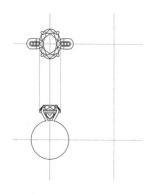

图4-126

根据已完成的顶视图，从宝石的最宽处向正视图拉出两条辅助线。同时根据宝石的宽、高画出正视视角下的主石及其爪镶结构，如图4-126所示。

STEP 05

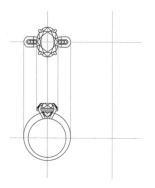

图4-127

根据顶视图，从戒壁的最宽处向正视图拉出两条辅助线，画出戒壁，如图4-127所示。

STEP 06

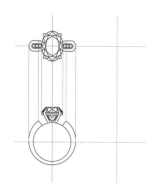

图4-128

根据顶视图，从戒壁的转折结构处向正视图拉出两条辅助线，画出正视视角下的转折造型，如图4-128所示。

STEP 07

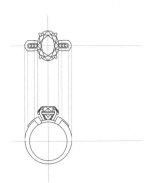

图4-129

根据顶视图,从镶嵌结构处向正视图拉出两条辅助线,画出正视视角下戒壁上的镶嵌结构,如图4-129所示。

STEP 08

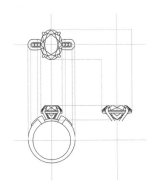

图4-130

根据正视图,先从宝石的上下两端点向侧视图拉出两条辅助线,以确定宝石的高度。再根据顶视图,从宝石的上端点和下端点向侧视图的垂直辅助线方向拉出两条辅助线,并向侧视图的水平辅助线作垂直转折。最后,在两组辅助线相交的区域,画出侧视视角下的主石及其爪镶结构,如图4-130所示。

STEP 09

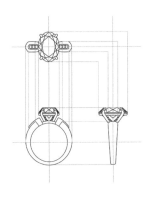

图4-131

根据STEP 08拉辅助线的方法,从顶视图和正视图中的戒壁最宽处的两端分别拉出两条辅助线,以确定侧视视角下戒壁的宽、高。然后画出戒壁的侧视轮廓,如图4-131所示。

STEP 10

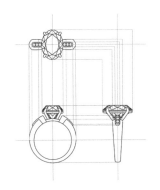

图4-132

根据STEP 08拉辅助线的方法,从顶视图和正视图中配石的镶嵌结构的两端分别拉出两条辅助线,以确定侧视视角下镶嵌结构的宽、高。然后画出侧视视角下的配石镶嵌结构。侧视图绘制完毕,如图4-132所示。

STEP 11

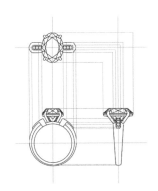

图4-133

从侧视图来看,戒壁呈中心凸出、两侧下搭的造型,所以在正视视角下是可以看到下搭的边缘线的。根据已完成的侧视图,从戒壁下搭边沿的两个端点拉出两条辅助线,确定戒壁的边缘线的范围,然后在正视图中画出这条边缘线,如图4-133所示。

STEP 12

图4-134

擦除所有的辅助线,得到戒指的三视图,如图4-134所示。

第 5 章

绘制金属效果图

CHAPTER 05

珠宝首饰中常用的贵金属材料比较有限。随着科技的进步，首饰金属材料的范围被不断拓展，设计师在设计实践中不断融入新的材料。下面对常见的几种金属材料根据颜色进行分类介绍。

不同颜色金属效果图画法

表现金属材质时需要重点表现其质感，如图 5-1 所示，质感的表现是通过光影关系的对比来实现的。不同金属及其不同成色有相对应的固有色，多观察金属实物的颜色和质感，并记住表 5-1 中这些金属在画面中对应的色卡，以及不同金属的亮部、暗部与造型之间的关系，熟悉了这些，我们在绘画的时候，能更自如、更真实地画出金属的质感。

图 5-1

表 5-1 常见金属固有色卡对照表

金属种类	成色	纯度	常见颜色							
金	Au999/24k	999.99‰								
	Au750/18K	750‰								
	Au585/14K	585‰								
	Au375/9K	375‰								
银	S999	999‰								
	S925	925‰								
铂金	PT990	990‰								
	PT950	950‰								
	PT900	900‰								
钯金	Pd990	990‰								
	Pd950	950‰								
	Pd900	900‰								
钛	Ti									
铝	Al									
钨金										

◆ 金黄色系金属的画法

金黄色系金属图例如 5-2 所示。

图 5-2

①应用范畴

→ 24K 黄金、18K 黄金、14K 黄金、9K 黄金

→钛

→铝

②颜料色卡

生褐	土黄	中黄	白

③步骤与画法

STEP 01

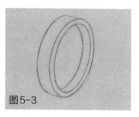

图5-3

用铅笔画出线稿，如图5-3所示。

STEP 02

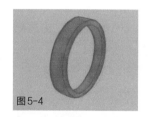

图5-4

蘸取适量中黄色与水调和，调和出金黄色系金属的主体色，将其均匀平涂在线稿上，如图5-4所示。

STEP 03

图5-5

蘸取土黄色与少量熟褐色，调和出金黄色系金属的暗部颜色，画出戒圈外壁与内壁的暗部，如图5-5所示。

STEP 04

图5-6

在已调和的暗部颜色中再加少量熟褐，加重戒圈外壁和内壁最暗处，如图5-6所示。

STEP 05

图5-7

蘸取白色与少量土黄色调和出亮部颜色，画出戒圈外壁和内壁的亮部，如图5-7所示。

STEP 06

图5-8

蘸取已调和的暗部颜色，在与戒圈外壁亮部对应的侧壁上，画出戒圈侧壁的暗部，如图5-8所示。

STEP 07

图5-9

蘸取已调和的亮部颜色，提亮戒圈侧壁的亮部，如图5-9所示。

STEP 08

图5-10

蘸取白色，提亮高光，如图5-10所示。

◆ 银白色系金属的画法

银白色系金属图例如图 5-11 所示。

图 5-11

①应用范畴

→ 18K 金、14K 金、9K 金

→铂金

→钯金

→银

→钛

→铝

②颜料色卡

黑	白

③步骤与画法

STEP 01

图 5-12

用铅笔画出线稿，如图5-12所示。

STEP 02

图 5-13

蘸取适量白色和黑色与水调和，调和出银白色系金属的主体色，将其均匀平涂在线稿上，如图5-13所示。

STEP 03

图 5-14

在已调和出的主体色中加入少量黑色，调和出暗部颜色，画出戒圈外壁与内壁的暗部，如图5-14所示。

STEP 04

图 5-15

在已调和出的暗部颜色中加入少量黑色，加重戒圈外壁和内壁的最暗处，如图5-15所示。

STEP 05

图 5-16

蘸取适量白色并加入少量主体色，调和出亮部颜色，画出戒圈外壁和内壁的亮部，如图5-16所示。

STEP 06

图 5-17

蘸取已调和的亮部颜色，在与戒圈外壁暗部对应的侧壁上，画出戒圈侧壁的亮部，如图5-17所示。

STEP 07

图 5-18

蘸取已调和的暗部颜色，在与戒圈外壁亮部对应的侧壁上，画出戒圈侧壁的暗部，如图5-18所示。

STEP 08

图 5-19

蘸取白色，提亮高光，如图5-19所示。

◆ 玫瑰金色系金属的画法

玫瑰金色系金属图例如图5-20所示。

图5-20

① **应用范畴**

→ 18K 金、14K 金、9K 金

→ 钛

→ 铝

② **颜料色卡**

熟褐	赭石	白

③ **步骤与画法**

STEP 01

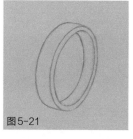

图5-21

用铅笔画出线稿，如图5-21所示。

STEP 02

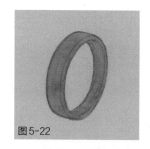

图5-22

蘸取适量赭石色调和适量水，调和出玫瑰金色系金属的主体色，将其均匀平涂在线稿上，如图5-22所示。

STEP 03

图5-23

蘸取赭石色与少量熟褐色，调和出玫瑰金色系金属的暗部颜色，画出戒圈外壁与内壁的暗部，如图5-23所示。

STEP 04

图5-24

在已调和的暗部颜色中加入少量熟褐，加重戒圈外壁和内壁的最暗处，如图5-24所示。

STEP 05

图5-25

蘸取白色与少量赭石色调和出亮部颜色，画出戒圈外壁和内壁的亮部，如图5-25所示。

STEP 06

图5-26

蘸取已调和的暗部颜色，在与戒圈外壁亮部对应的侧壁上，画出戒圈侧壁的暗部，如图5-26所示。

STEP 07

图5-27

蘸取已调和的亮部颜色，在与戒圈外壁暗部对应的侧壁上，画出戒圈侧壁的亮部，如图5-27所示。

STEP 08

图5-28

蘸取白色，提亮高光，如图5-28所示。

◆ 黑色系金属的画法

黑色系金属图例如图5-29所示。

图5-29

①应用范畴

→ 18K 金、14K 金、9K 金

→钨金

→钛

→铝

②颜料色卡

黑	白

③步骤与画法

STEP 01

图5-30

用铅笔画出线稿，如图5-30所示。

STEP 02

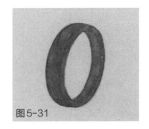

图5-31

蘸取适量黑色，调和适量水，调和出黑色系金属的主体色，将其均匀平涂在线稿上，如图5-31所示。

STEP 03

图5-32

蘸取少量黑色，调和出暗部颜色，画出戒圈外壁与内壁的暗部，如图5-32所示。

STEP 04

图5-33

在已调和的暗部颜色中再加入少量黑色，加重戒圈外壁和内壁的最暗处，如图5-33所示。

STEP 05

图5-34

在已调和的主体色中加入适量白色，调和出黑色系金属的亮部颜色，画出戒圈外壁和内壁的亮部，如图5-34所示。

STEP 06

图5-35

蘸取已调和的亮部颜色，在与戒圈外壁暗部对应的侧壁上，画出侧壁的亮部，如图5-35所示。

STEP 07

图5-36

蘸取已调和的暗部颜色，在与戒圈外壁亮部对应的侧壁上，画出戒圈侧壁的暗部，如图5-36所示。

STEP 08

图5-37

蘸取白色，提亮高光，如图5-37所示。

◆ 彩色系金属的画法

绿色系金属图例如图 5-38 所示。

图 5-38

① 应用范畴

→钛
→铝

② 颜料色卡

群青	中绿	白

③ 步骤与画法

STEP 01

图 5-39

用铅笔画出线稿，如图 5-39 所示。

STEP 02

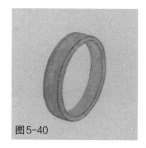

图 5-40

蘸取适量中绿色，调和适量的水，调和出绿色系金属的主体色，将其均匀平涂在线稿上，如图 5-40 所示。

STEP 03

图 5-41

蘸取少量群青色，调和出绿色系金属的暗部颜色，画出戒圈外壁与内壁的暗部，如图 5-41 所示。

STEP 04

图 5-42

在已调和的暗部颜色中再加入少量群青色，加重戒圈外壁和内壁最暗处，如图 5-42 所示。

STEP 05

图 5-43

在已调和的主体色中加入少量白色，调和出绿色系金属的亮部颜色，画出戒圈内壁和外壁的亮部，如图 5-43 所示。

STEP 06

图 5-44

蘸取已调和的暗部颜色，在与戒圈外壁亮部对应的侧壁上，画出戒圈侧壁的暗部，如图 5-44 所示。

STEP 07

图 5-45

蘸取已调和的亮部颜色，在与戒圈外壁暗部对应的侧壁上，画出戒圈侧壁的亮部，如图 5-45 所示。

STEP 08

图 5-46

蘸取白色，提亮高光，如图 5-46 所示。

④其他颜色系金属戒指案例

蓝色系金属图例如图5-47所示。紫色系金属图例如图5-48所示。玫红色系金属图例如图5-49所示。

图5-47

图5-48

图5-49

蓝色系金属效果图如图5-50所示。紫色系金属效果图如图5-51所示。玫红色系金属效果图如图5-52所示。

图5-50

图5-51

图5-52

不同造型金属效果图画法

对于塑造金属的质感和造型而言，光源在金属上留下的效果是非常重要的表现内容。在遵循光影关系基本原理的同时，能够表现出准确的亮部颜色形状、高光颜色形状、边缘反射线条形状，对于塑造不同造型的金属起着至关重要的作用。

◆ 面型金属的画法

STEP 01

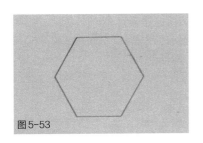

图5-53

用铅笔画出线稿，如图5-53所示。

STEP 02

图5-54

蘸取适量中黄色，调和适量的水，调和出金黄色系金属的主体色，将其均匀平涂在轮廓中，如图5-54所示。

STEP 03

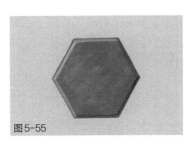

图5-55

在已调和的主体色中加入少量熟褐色，调和出金黄色系金属的暗部颜色，画出面型金属的背光面。再在主体色中调和适量的白色，调和出亮部颜色，画出面型金属的受光面，如图5-55所示。

STEP 04

图5-56

蘸取已调和的亮部颜色，在面型金属平面的背光面边缘处勾勒出细细的反光线，如图5-56所示。

STEP 05

图5-57

蘸取适量白色，在平面的受光面提亮高光，如图5-57所示。

STEP 06

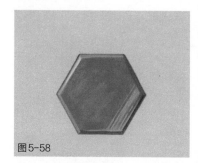

图5-58

蘸取已调和的亮部颜色，在金属平面上画出平行的反光线，加强金属质感，如图5-58所示。

◆ 曲面型金属的画法

STEP 01

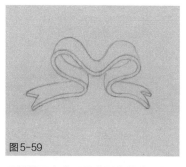

图5-59

用铅笔画出曲面型金属的线稿，如图5-59所示。

STEP 02

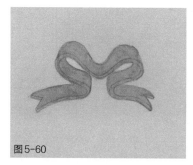

图5-60

蘸取适量中黄色，调和适量的水，调和出金黄色系金属的主体色，将其均匀平涂在线稿上，如图5-60所示。

STEP 03

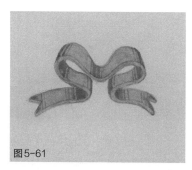

图5-61

蘸取土黄色和熟褐色调和出暗部颜色，画出曲面型金属的暗部，加重曲面背光的弯折处，增强空间层次感，如图5-61所示。

STEP 04

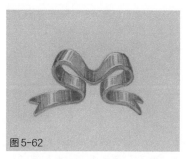

图5-62

蘸取白色与少量土黄色调和出亮部颜色，画出曲面型金属的亮部，如图5-62所示。

STEP 05

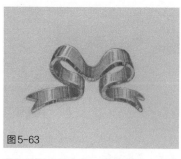

图5-63

蘸取已调和的亮部、暗部颜色，在曲面的边缘截面上画出曲面受光后的变化，如图5-63所示。

STEP 06

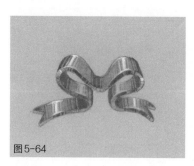

图5-64

蘸取白色，提亮高光，如图5-64所示。

◆ 镂空金属的画法

STEP 01

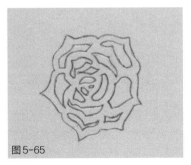

图5-65

用铅笔画出镂空金属的线稿，如图5-65所示。

STEP 02

图5-66

蘸取适量的中黄色与水调和，将其平涂在线稿中，如图5-66所示。

STEP 03

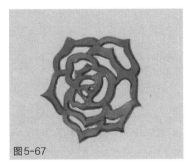

图5-67

蘸取适量土黄色与水调和，画在镂空金属的背光侧，塑造出镂空面的厚度，如图5-67所示。

STEP 04

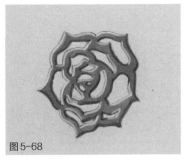

图5-68

蘸取适量白色与中黄色，调和出金黄色系金属的亮部颜色，将其画在镂空面的受光侧，如图5-68所示。

STEP 05

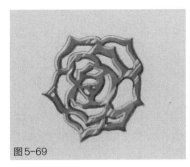

图5-69

蘸取已调和的亮部颜色，在顶视平面上分散画两三组平行的斜线，塑造金属面反光的效果，强化质感，如图5-69所示。

STEP 06

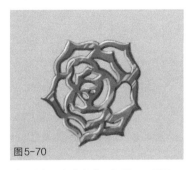

图5-70

蘸取白色，提亮高光，如图5-70所示。

◆ 直线柱型金属的画法

STEP 01

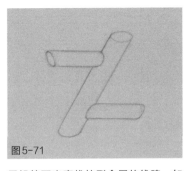

图5-71

用铅笔画出直线柱型金属的线稿，如图5-71所示。

STEP 02

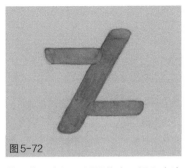

图5-72

蘸取赭石色调和适量的水，调和出玫瑰金色系金属的主体色，并均匀平涂在线稿上，如图5-72所示。

STEP 03

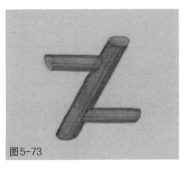

图5-73

蘸取赭石色调和少量熟褐色，调和出玫瑰金色系金属的暗部颜色，在直线柱型金属的背光处画出暗部，如图5-73所示。

STEP 04

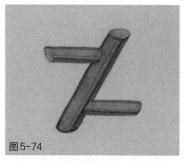

图5-74

在已调和的暗部颜色中加入少量熟褐色，调和出最重的颜色，加重直线柱型金属的明暗交接线，如图5-74所示。

STEP 05

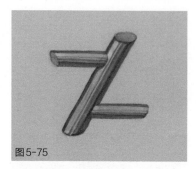

图5-75

蘸取熟褐色和少量白色，调和出玫瑰色系金属的亮部颜色，画出直线柱型金属的亮部，如图5-75所示。

STEP 06

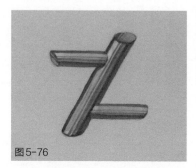

图5-76

蘸取适量暗部颜色，在直线柱型金属的截面上以粗细平行线的方式画出截面的受光过渡部分，如图5-76所示。

STEP 07

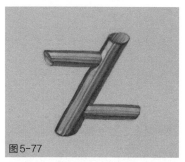

图5-77

蘸取适量亮部颜色，在直线柱型金属的截面上提亮截面的亮部，如图5-77所示。

STEP 08

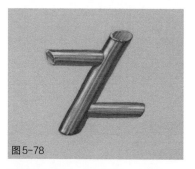

图5-78

蘸取适量白色，提亮高光，如图5-78所示。

◆ 曲线柱型金属的画法

STEP 01

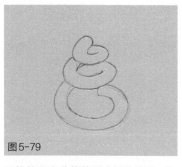

图5-79

用铅笔画出曲线柱型金属的线稿，如图5-79所示。

STEP 02

图5-80

蘸取适量白色和黑色并调和适量的水，调和出银白色系金属的主体色，将其均匀平涂在线稿上，如图5-80所示。

STEP 03

图5-81

在主体色中加入少量黑色，调和出银白色系金属的暗部颜色，在背光处画出暗部，如图5-81所示。

STEP 04

图5-82

在已调和的暗部颜色中加入少量黑色，调和出最重的颜色，加重曲线柱型金属的明暗交接线，如图5-82所示。

STEP 05

图5-83

在主体色中加入少量白色，调和出银白色系金属的亮部颜色，画出亮部，如图5-83所示。

STEP 06

图5-84

蘸取适量白色，提亮高光，如图5-84所示。

◆ 不规则造型金属的画法

STEP 01

图5-85

用铅笔画出线稿，如图5-85所示。

STEP 02

图5-86

蘸取适量赭石色与水调和，调和出玫瑰金色系金属的主体色，将其均匀平涂在线稿上，如图5-86所示。

STEP 03

图5-87

蘸取少量熟褐色与主体色调和，调和出玫瑰金色系金属的暗部颜色，在金属的背光处画出暗部，如图5-87所示。

STEP 04

图5-88

蘸取适量白色与少量赭石色调和，调和出玫瑰金色系金属的亮部颜色，在金属的受光处画出亮部，如图5-88所示。

STEP 05

图5-89

蘸取暗部颜色，在金属的亮部边缘画出明暗交接线，塑造凸面的立体感，如图5-89所示。

STEP 06

图5-90

蘸取适量白色，提亮高光，如图5-90所示。

◆ 珠型金属的画法

STEP 01

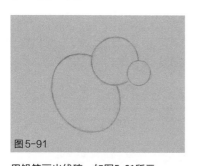

图5-91

用铅笔画出线稿，如图5-91所示。

STEP 02

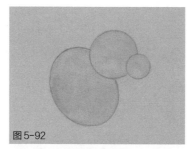

图5-92

调和适量的白色、黑色和水，调和出银白色系金属的主体色，将其均匀平涂在线稿上，如图5-92所示。

STEP 03

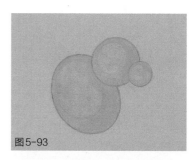

图5-93

在已调和的主体色中加入少量的黑色，调和出银白色系金属的暗部颜色，在珠型金属的背光面画出暗部，如图5-93所示。

STEP 04

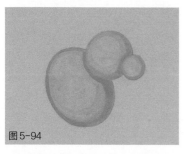

图5-94

在已调和的暗部颜色中加入少量黑色，加重最暗的部分，如图5-94所示。

STEP 05

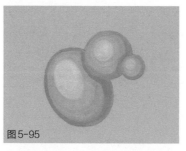

图5-95

蘸取适量白色和少量黑色，调和出银白色系金属的亮部颜色，在珠型金属的受光处画出亮部。注意金属受光区域的边缘是比较清晰的，如图5-95所示。

STEP 06

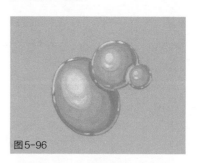

图5-96

蘸取适量白色，提亮珠型金属的高光处和边缘反光处，如图5-96所示。

◆ 金属圆环链的画法

STEP 01

图5-97

用铅笔画出链子的弯曲形态与长度，如图5-97所示。

STEP 02

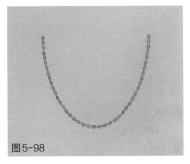

图5-98

蘸取适量中黄色，加水调和出金黄色系金属的主体色。沿着线稿的方向，依次勾画出椭圆形小环。注意要保持小环的大小、间距一致，如图5-98所示。

STEP 03

图5-99

在小环之间，画出连接两个小环的部分——实际是侧视的小环，看起来是一条短线。画好后擦去铅笔痕迹，如图5-99所示。

STEP 04

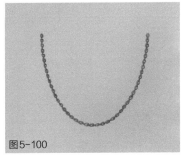

图5-100

在主体色中调和少许熟褐色，在所有小环的背光处画出暗部，如图5-100所示。

STEP 05

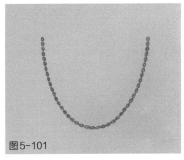

图5-101

在白色中调和少量土黄色，在STEP 03画出的小环上画出受光面。注意不同位置的小环受光位置的变化，如图5-101所示。

STEP 06

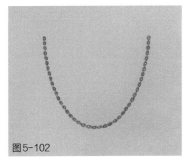

图5-102

蘸取适量白色，提亮高光，如图5-102所示。

◆ 金属龙鳞链的画法

STEP 01

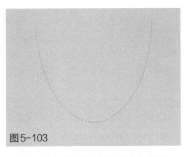

图5-103

用铅笔画出链子的弯曲形态与长度，如图5-103所示。

STEP 02

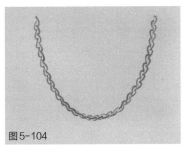

图5-104

蘸取适量中黄色，加水调和出金黄色系金属的主体色。沿着线稿的方向，依次勾画出错叠的J形环。注意保持小环的大小、间距一致，如图5-104所示。

STEP 03

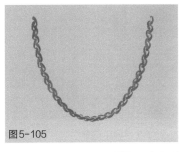

图5-105

用主体色把画好的J形环描粗，注意形状是头部略粗，向尾部逐渐变细，如图5-105所示。

STEP 04

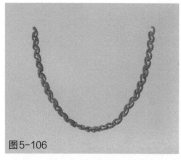

图5-106

在主体色中加入少许熟褐色，调和出暗部颜色，在每个小环的背光处画出暗部，如图5-106所示。

STEP 05

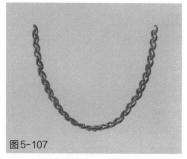

图5-107

用小号笔蘸取已调和的暗部颜色，在每个小环上画出明暗交接线，如图5-107所示。

STEP 06

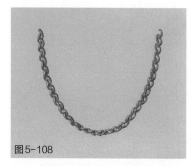

图5-108

调和适量白色和少量中黄色，画出每个小环的受光面。然后直接用白色在高光处提亮，如图5-108所示。

◆ 金属蛇骨链的画法

STEP 01

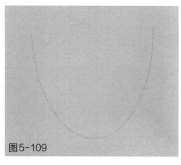

图5-109

用铅笔画出链子的弯曲形态与长度，如图5-109所示。

STEP 02

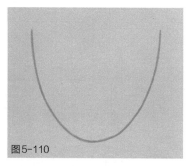

图5-110

蘸取适量白色和少量黑色，调和出银白色系金属的主体色，沿着线稿勾画出一条线，如图5-110所示。

STEP 03

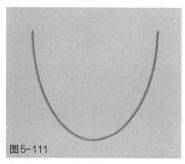

图5-111

在主体色中调和少量黑色，调和出银白色系金属的暗部颜色，在链子的背光处画出暗部，如图5-111所示。

STEP 04

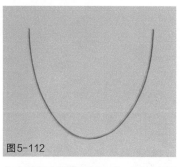

图5-112

在主体色中调和适量白色，调和出银白色系金属的亮部颜色，在链子的受光处画出亮部，如图5-112所示。

STEP 05

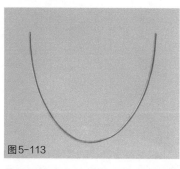

图5-113

蘸取适量白色，在链子的高光处提亮，如图5-113所示。

STEP 06

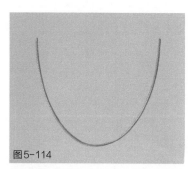

图5-114

蘸取已调和的暗部颜色，以排列小短线的方式画出链子上的小缝隙。注意整条链子上的小缝隙是有明暗变化的，如图5-114所示。

不同金属肌理效果图画法

除了抛光的表面处理方式，珠宝中的金属材料也会经由不同的工艺方法处理成多种肌理效果，所以也可以说，不同的工艺对应着不同的肌理效果。较常见的金属肌理有喷砂肌理、拉丝肌理。

◆ 喷砂肌理的画法

喷砂肌理的表面处理方法是利用砂粒和高速空气喷枪冲击金属表面，在金属表面留下颗粒的质感。所以在画喷砂肌理时要用较细的笔触，同时要考虑到金属整体光影关系的合理性。

STEP 01

图5-115

用铅笔画出线稿，如图5-115所示。

STEP 02

图5-116

调和金黄色系金属的底色，将其平涂在轮廓中，如图5-116所示。

STEP 03

图5-117

调和暗部颜色，画出暗部，如图5-117所示。

STEP 04

图5-118

用点的方式点画出暗部的喷砂效果，如图5-118所示。

STEP 05

图5-119

用点的方式点画出暗部颜色向底色过渡的喷砂效果，如图5-119所示。

STEP 06

图5-120

调和亮部颜色，用点的方式点画出亮部，如图5-120所示。

STEP 07

图5-121

点画出高光部分的喷砂效果，并提亮边缘部分，强化造型的立体感，如图5-121所示。

STEP 08

图5-122

画出投影，如图5-122所示。

◆ 拉丝肌理的画法

拉丝肌理的表面处理方法是利用高速旋转的拉丝磨头在金属表面刻画，留下大面积线状划痕。划痕可以是相同方向的，也可以是交叉的。所以其亮部和暗部都要由线形笔触来塑造，笔触较细、较长，同样要考虑到金属的整体光影关系的合理性。

STEP 01

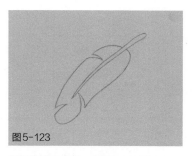

图5-123

用铅笔画出线稿，如图5-123所示。

STEP 02

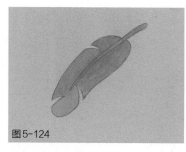

图5-124

调和金黄色系金属的底色，将其平涂在轮廓中，如图5-124所示。

STEP 03

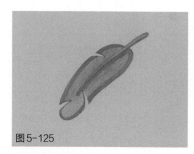

图5-125

调和暗部颜色，画出暗部，如图5-125所示。

STEP 04

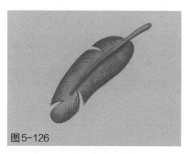

图5-126

用排线的方式，画出暗部颜色向底色过渡的拉丝效果，如图5-126所示。

STEP 05

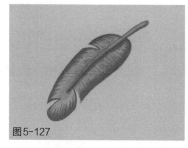

图5-127

调和亮部颜色，用排线的方式画出亮部，如图5-127所示。

STEP 06

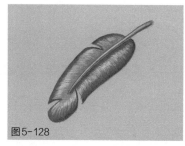

图5-128

以排短线的方式，用上一步亮部的颜色在羽毛轮廓边缘画出反光；用白色分别在羽毛最亮处、羽轴最亮处提亮，如图5-128所示。

STEP 07

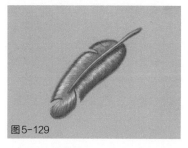

图5-129

用白色提亮最亮处。用上一步的颜料和排线的方式画出羽毛轮廓边缘处的反光。画出羽轴的高光，如图5-129所示。

STEP 08

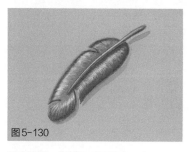

图5-130

画出投影，如图5-130所示。

第 6 章

绘制宝石效果图

CHAPTER 06

要想画出逼真、漂亮的宝石，设计师对宝石的各项视觉特征就要有充分的了解和把握。本章首先讲解一些宝石学意义上的通识，然后再通过型（常见的琢型）和色（代表性颜色）讲解不同种类宝石的绘制。

宝石的画面表现要素

宝石虽种类繁多，但作为一种材料，它的视觉要素——也就是画面表现要素——是有规律可循的。在绘画时我们需要把握 5 个画面表现特征，分别为琢型、颜色、透明度、特殊光学效应、光泽。这 5 个画面表现特征犹如五维坐标，当我们对每个特征都有明确的认识时，就可以准确地画出宝石。

◆ 宝石的琢型

本小节内容可以回看第 4 章第 1 节（第 32 页至第 43 页）的宝石单体线稿部分，其中详细讲解了蛋面宝石与刻面宝石的多种琢型。

◆ 宝石的颜色

常见的宝石颜色有红色、粉色、橙色、黄色、绿色、蓝色、紫色、黑色、白色、无色、多色，如图 6-1 至图 6-79 所示。

红色（如图 6-1 至图 6-5 所示）

图 6-1 红宝石　　　图 6-2 尖晶石　　　图 6-3 碧玺　　　图 6-4 石榴石　　　图 6-5 珊瑚

粉色（如图 6-6 至图 6-13 所示）

图 6-6 蓝宝石　　　图 6-7 尖晶石　　　图 6-8 碧玺　　　图 6-9 摩根石

图 6-10 钻石　　　图 6-11 芙蓉石　　　图 6-12 海螺珠　　　图 6-13 珍珠

橙色（如图 6-14 至图 6-23 所示）

图 6-14 锰铝榴石

图 6-15 碧玺

图 6-16 帕帕拉恰蓝宝石

图 6-17 火欧泊

图 6-18 蓝宝石

图 6-19 水晶

图 6-20 钻石

图 6-21 摩根石

图 6-22 琥珀

图 6-23 翡翠

黄色（如图 6-24 至图 6-32 所示）

图 6-24 水晶

图 6-25 托帕石

图 6-26 锆石

图 6-27 蓝宝石

图 6-28 钻石

图 6-29 金绿宝石

图 6-30 水晶

图 6-31 虎眼石

图 6-32 珍珠

绿色（如图 6-33 至图 6-44 所示）

图 6-33 祖母绿

图 6-34 翡翠

图 6-35 碧玺

图 6-36 沙弗莱石

图 6-37 翠榴石

图 6-38 锆石

图 6-39 橄榄石

图 6-40 绿柱石

图 6-41 钻石

图 6-42 葡萄石

图 6-43 孔雀石

图 6-44 陨石

蓝色（如图 6-45 至图 6-54 所示）

图 6-45 蓝宝石

图 6-46 坦桑石

图 6-47 碧玺

图 6-48 帕拉伊巴碧玺

图 6-49 托帕石

图 6-50 海蓝宝石

图 6-51 钻石

图 6-52 磷灰石

图 6-53 绿松石

图 6-54 青金石

紫色（如图 6-55 至图 6-62 所示）

图 6-55 紫水晶

图 6-56 石榴石

图 6-57 蓝宝石

图 6-58 尖晶石

图 6-59 堇青石

图 6-60 锂辉石

图 6-61 钻石

图 6-62 紫龙晶

黑色（如图 6-63 至图 6-67 所示）

图 6-63 尖晶石

图 6-64 钻石

图 6-65 蓝宝石

图 6-66 黑玛瑙

图 6-67 珍珠

白色（如图 6-68 至图 6-71 所示）

图 6-68 和田玉

图 6-69 玛瑙

图 6-70 珍珠

图 6-71 贝壳

无色（如图 6-72 至图 6-77 所示）

图 6-72 钻石

图 6-73 蓝宝石

图 6-74 锆石

图 6-75 托帕石

图 6-76 莫桑石

图 6-77 水晶

多色（如图 6-78 和图 6-79 所示）

图 6-78 双色碧玺

图 6-79 欧泊

◆ 宝石的透明度

宝石的透明度是指宝石允许可见光透过的程度。

宝石的透明度跨度很大，在珠宝手绘中通常将宝石分为透明、半透明、不透明3种，如图6-80至图6-88所示。在画面的表现上，透明度能够生动地体现宝石的品质或种类。

透明

透明宝石的透明度高，我们透过透明宝石可以清晰看到后面物体的轮廓和细节。透明宝石有摩根石、西瓜碧玺、月光石、无色水晶、海蓝宝石等，如图6-80至图6-82所示。

图6-80 摩根石　　　　　　　图6-81 西瓜碧玺　　　　　　　图6-82 月光石

半透明

半透明宝石的透明度相对透明宝石要低一些。我们隔着半透明宝石观察后面的物体时，可以看到物体的大致轮廓，但无法看到细节。半透明宝石有锰铝榴石、发晶、火欧泊、月光石、琥珀等，如图6-83至图6-85所示。

图6-83 锰铝榴石　　　　　　　图6-84 发晶　　　　　　　图6-85 火欧泊

不透明

不透明宝石完全不允许光透过，所以我们看不到不透明宝石后面的物体。不透明宝石有欧泊、翡翠、珍珠、珊瑚、青金石等，如图6-86至图6-88所示。

图6-86 欧泊　　　　　　　图6-87 翡翠　　　　　　　图6-88 珍珠

◆ 宝石的特殊光学效应

一些宝石具有特殊的内部结构，其与光的折射、反射、干涉、衍射共同作用，产生了一些特殊的光学效应。这些特殊光学效应就成为一些宝石的视觉标签，具有很高的辨识度。

猫眼效应

常见琢型：蛋面。

视觉特征：蛋面切磨的某些宝石表面呈现一条明亮光带，该光带随宝石或光线的转动而移动，如图6-89和图6-90所示。

常见宝石：金绿宝石猫眼、碧玺猫眼、红宝石猫眼等。

星光效应

常见琢型：蛋面。

视觉特征：蛋面切磨的某些宝石表面呈现出两条或两条以上的交叉亮线，如图6-91和图6-92所示。

常见宝石：红宝石、粉水晶、蓝宝石等。

图6-89 金绿宝石猫眼

图6-90 碧玺猫眼

图6-91 六射星光红宝石

图6-92 六射星光粉水晶

变色效应

常见琢型：蛋面、刻面。

视觉特征：在不同入射光源下，宝石呈现出明显的颜色差异，如图6-93和图6-94所示。

常见宝石：亚历山大变石、变色水铝石。

变彩效应

常见琢型：蛋面。

视觉特征：宝石表面同时出现不同颜色的斑块，而且斑块的颜色随着光源或观察角度的变化而变化，如图6-95和图6-96所示。

常见宝石：欧泊、菊石。

图6-93 亚历山大变石1

图6-94 亚历山大变石2

图6-95 欧泊

图6-96 菊石

月光效应

常见琢型：蛋面、刻面。

视觉特征：宝石表面有蓝色的浮光，这种蓝色浮光会随着宝石或光源的移动而移动，如图 6-97 和图 6-98 所示。

常见宝石：月光石、拉长石。

砂金效应

常见琢型：蛋面。

视觉特征：宝石中光泽较强的包裹体因反射光或折射光而呈现的星光状耀眼闪光，如图 6-99 所示。

常见宝石：日光石。

图 6-97 月光石

图 6-98 拉长石

图 6-99 日光石

◆ 宝石的光泽

不同的物体表面有不同的反射光的能力，例如对比砖块和玻璃，我们不难发现二者光泽的差别。宝石表面反射光的能力也不尽相同，并且反射光受到宝石颜色、表面平坦程度等因素的影响，导致宝石的光泽效果有所不同。

金刚光泽，如图 6-100 和图 6-101 所示。

玻璃光泽，如图 6-102 和图 6-103 所示。

图 6-100 钻石

图 6-101 托帕石

图 6-102 帕帕拉恰蓝宝石

图 6-103 翡翠

油脂光泽，如图 6-104 和图 6-105 所示。

树脂光泽，如图 6-106 和图 6-107 所示。

图 6-104 和田玉

图 6-105 陨石

图 6-106 火欧泊

图 6-107 琥珀

丝绢光泽，如图 6-108 和图 6-109 所示。

珍珠光泽，如图 6-110 和图 6-111 所示。

蜡状光泽，如图 6-112 和图 6-113 所示。

图 6-108 虎眼石

图 6-109 碧玺猫眼

图 6-110 金珠

图 6-111 异形珍珠

图 6-112 棕榈石

图 6-113 绿松石原石

根据珠宝手绘快速表达的需要，我们在绘制效果图时可以将蛋面和刻面宝石的金刚光泽、玻璃光泽、树脂光泽、丝绢光泽统一处理为玻璃光泽。珍珠光泽和油脂光泽较为特殊，在绘制时需要体现出独特的光泽效果。蜡状光泽由于其宝石光感较弱，在手绘中不必太强调光感。

蛋面宝石效果图绘制

在这一节里，宝石绘制案例以单体练习的形式出现。注意在绘制蛋面宝石效果图时，光泽可以大致统一为玻璃光泽，让宝石显得更明亮、灵动，质感更好。另外在琢型、颜色、特殊光学效应上进行区分，即可对应画出不同蛋面宝石的效果图。

◆ 透明蛋面宝石画法

透明蛋面宝石着重需要表现的特征是它的透明度。在绘制时，用淡薄的颜色打底，透出卡纸的本色，宝石就会显得非常通透。

灰水晶——圆型透明蛋面宝石画法

颜料色卡

黑	白

STEP 01

图6-114

用铅笔画出圆形轮廓，如图6-114所示。

STEP 02

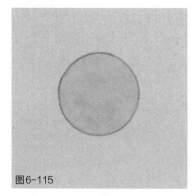

图6-115

蘸取颜料，调和较多的水分，平涂出非常淡的底色，如图6-115所示。

STEP 03

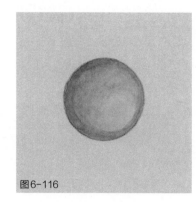

图6-116

在底色中略调和少量黑色，画出宝石的暗部，并加重左上角的最暗处，如图6-116所示。

STEP 04

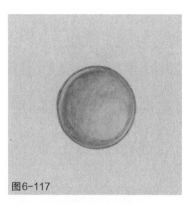

图6-117

在STEP 03的颜色中加入适量白色，调和出宝石边缘反光的颜色，勾画宝石边缘的反光，如图6-117所示。

STEP 05

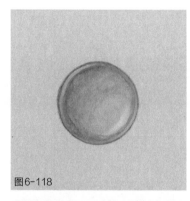

图6-118

用反光的颜色，画在宝石右下角的弧面处，弧面的中心稍做提亮，突显弧面的立体感，如图6-118所示。

STEP 06

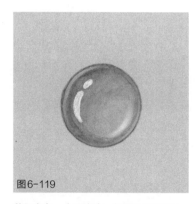

图6-119

蘸取白色，点画高光，如图6-119所示。

STEP 07

调和少量黑色和较多的水，晕染出淡淡的投影，如图6-120所示。

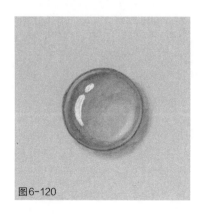

图6-120

粉水晶——圆型透明宝石画法

颜料色卡

紫罗兰	深红	白

步骤与画法

STEP 01

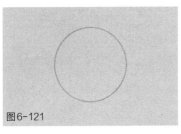

图6-121

用铅笔画出圆形轮廓，如图6-121所示。

STEP 02

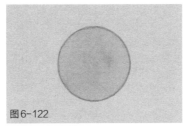

图6-122

蘸取紫罗兰色、深红色，调和适量的白色和水，在轮廓中画出淡薄的底色，如图6-122所示。

STEP 03

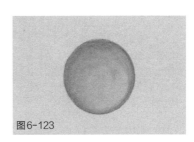

图6-123

加重圆形轮廓的边缘，加重左上方的轮廓边缘，并逐渐向内晕染，保留右下方的淡薄底色，如图6-123所示。

STEP 04

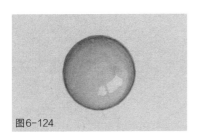

图6-124

在底色中加入适量白色，在右下方画出梯形的反光，并勾画宝石轮廓的边缘反光，如图6-124所示。

STEP 05

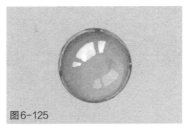

图6-125

蘸取白色，在受光处画出梯形高光。注意高光和反光的方向、弯曲弧度与位置，这些细节可以强化宝石的立体形态，如图6-125所示。

STEP 06

图6-126

调和少量黑色和较多的水，晕染出淡淡的投影，如图6-126所示。

其他常见透明蛋面宝石效果图

① 黄水晶，如图6-127所示。

颜料色卡

熟褐	中黄	白

图6-127

② 紫水晶，如图6-128所示。

颜料色卡

紫罗兰	白

图6-128

③ 火欧泊，如图6-129所示。

颜料色卡

橘黄	赭石	白

图6-129

④ 托帕石，如图6-130所示。

颜料色卡

湖蓝	钴蓝	白

图6-130

⑤ 芙蓉石，如图6-131所示。

颜料色卡

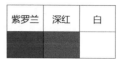

紫罗兰	深红	白

图6-131

⑥ 葡萄石，如图6-132所示。

颜料色卡

淡绿	中绿	白

图6-132

⑦ 无色水晶，如图6-133所示。

颜料色卡

黑	白

图6-133

◆ 半透明蛋面宝石画法

为了表现宝石半透明的效果，底色不必调得太淡薄，这是画半透明宝石与画透明宝石的区别。

祖母绿——糖塔型半透明蛋面宝石画法

颜料色卡

普兰	中绿	翠绿	白

步骤与画法

STEP 01

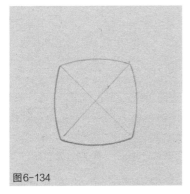

图6-134

用铅笔画出糖塔型宝石的轮廓和十字线，如图6-134所示。

STEP 02

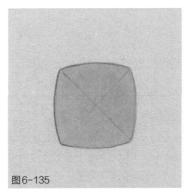

图6-135

调和适量的中绿色、翠绿色和水，均匀平涂在轮廓中，如图6-135所示。

STEP 03

图6-136

调和适量的普兰色加重宝石的左上区域，均匀晕染，保留右下区域的底色，如图6-136所示。

STEP 04

图6-137

在STEP 02的颜料中加入适量白色，勾画中心的十字线，和左上角、右下角边缘的反光，如图6-137所示。

STEP 05

图6-138

用白色将中心十字线提亮，再将左边的三角区的尖角处提亮，并向外逐渐过渡，最后将边缘反光提亮，如图6-138所示。

STEP 06

图6-139

调和少量黑色和较多的水，晕染出淡淡的投影，如图6-139所示。

月光石——椭圆型半透明蛋面宝石画法

颜料色卡

普兰	湖蓝	柠檬黄	白

步骤与画法

STEP 01

图6-140

用铅笔画出椭圆形轮廓，如图6-140所示。

STEP 02

图6-141

调和适量普兰色、湖蓝色和水，在轮廓内的左上区域晕染。调和适量柠檬黄和水，在右下区域晕染。注意两种颜色的自然过渡，如图6-141所示。

STEP 03

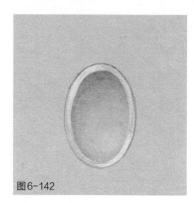

图6-142

在调和好的蓝色中加入适量白色，在轮廓边缘勾勒出宝石的反光，并将受光、反光的边缘提亮，如图6-142所示。

STEP 04

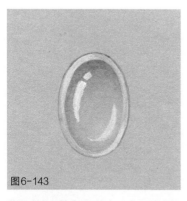

图6-143

蘸取白色调和适量的水，点画反光和高光，如图6-143所示。

STEP 05

图6-144

调和少量黑色和较多的水，晕染出淡淡的投影，如图6-144所示。

蓝碧玺——圆型半透明宝石画法

颜料色卡

翠绿	普兰	白

步骤与画法

STEP 01

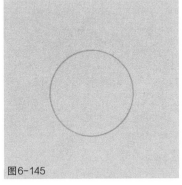

图6-145

用铅笔画出圆形轮廓，如图6-145所示。

STEP 02

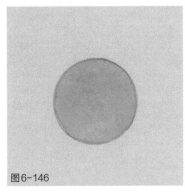

图6-146

蘸取翠绿色、普兰色，调和适量水，在轮廓中平涂底色，如图6-146所示。

STEP 03

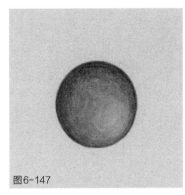

图6-147

加重圆形轮廓的边缘，加重左上方的轮廓边缘，并逐渐向内晕染，保留右下方的底色，如图6-147所示。

STEP 04

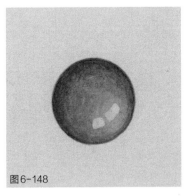

图6-148

在底色中加入适量白色，在右下方画出有弧度的梯形，作为暗部反光。勾画出宝石轮廓的反光边缘，如图6-148所示。

STEP 05

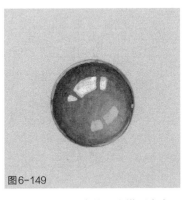

图6-149

蘸取白色，在受光处画出梯形高光。注意高光和暗部反光的方向、弯曲弧度与位置，这些细节可以强化宝石的立体形态，如图6-149所示。

STEP 06

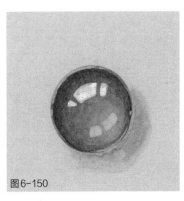

图6-150

调和少量黑色和较多的水，晕染出淡淡的投影，如图6-150所示。

其他常见半透明蛋面宝石效果图

① 葡萄石，如图 6-151 所示。　　② 紫翠，如图 6-152 所示。　　③ 黄翡，如图 6-153 所示。

颜料色卡

橄榄绿	中绿	柠檬黄	白

颜料色卡

紫罗兰	玫瑰红	白

颜料色卡

中黄	熟褐	白

图 6-151

图 6-152

图 6-153

④ 冰种飘花翡翠，如图 6-154 所示。　　⑤ 蓝珀，如图 6-155 所示。

颜料色卡

湖蓝	淡绿	黑	白

颜料色卡

湖蓝	柠檬黄	白

图 6-154

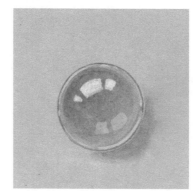

图 6-155

◆ 不透明蛋面宝石画法

不透明蛋面宝石完全没有通透感，在绘制时，颜色可以调得厚重些。

珊瑚——椭圆型不透明蛋面宝石画法

颜料色卡

深红	大红	白

步骤与画法

STEP 01

图6-156

用铅笔画出椭圆形轮廓，如图6-156所示。

STEP 02

图6-157

蘸取深红色调和适量水，在轮廓中平涂出厚度适中的底色，如图6-157所示。

STEP 03

图6-158

在底色中调和少许深红色，在宝石的右下方顺着边缘画出暗部，注意颜色要向左上方自然过渡，如图6-158所示。

STEP 04

图6-159

加重宝石右下方弧面的最暗处，并向四周自然过渡，如图6-159所示。

STEP 05

图6-160

蘸取白色调和适量水，在宝石的左上方、右下方边缘处，勾画出反光，如图6-160所示。

STEP 06

图6-161

用反光的颜色画在宝石右下方的弧面处，在弧度的中心稍做提亮，以突显宝石的立体感，如图6-161所示。

STEP 07

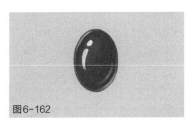

图6-162

蘸取白色，点画高光，如图6-162所示。

STEP 08

图6-163

调和少量黑色和较多的水，晕染出淡淡的投影，如图6-163所示。

金绿猫眼——椭圆型不透明蛋面宝石＋猫眼效应画法

颜料色卡

柠檬黄	橄榄绿	白

步骤与画法

STEP 01

图6-164

用铅笔画出椭圆形轮廓，如图6-164所示。

STEP 02

图6-165

蘸取适量橄榄绿色、柠檬黄色调和出暗部颜色，画在椭圆形轮廓的左上角。然后用柠檬黄色和白色调和出亮部颜色，在轮廓右下角晕染。注意两个颜色要自然过渡，如图6-165所示。

STEP 03

图6-166

在已调和的暗部颜色中加入适量白色，在椭圆形的正中画一条梭形线。将梭形线的中部稍做提亮，塑造猫眼效应的立体感，如图6-166所示。

STEP 04

图6-167

蘸取已调和的亮部颜色，画出宝石边缘的反光，如图6-167所示。

STEP 05

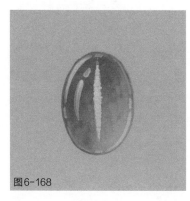

图6-168

蘸取白色，点画高光，如图6-168所示。

STEP 06

图6-169

调和少量黑色和较多的水，晕染出淡淡的投影，如图6-169所示。

星光红宝石——圆型不透明蛋面宝石 + 星光效应画法

颜料色卡

深红	大红	白

步骤与画法

STEP 01

图6-170

用铅笔画出圆形轮廓，如图6-170所示。

STEP 02

图6-171

蘸取适量红色、白色，调和适量的水，画出较浓厚的底色，并用深红色在左上角加深，使右下角偏亮，如图6-171所示。

STEP 03

图6-172

在宝石底色中加入适量白色，用短笔触模拟宝石的丝绢光泽，画出六射星光，如图6-172所示。

STEP 04

图6-173

在宝石的边缘勾画反光，如图6-173所示。

STEP 05

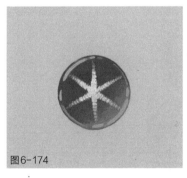

图6-174

提亮星光的受光处，如图6-174所示。

STEP 06

图6-175

蘸取白色，点画高光，如图6-175所示。

STEP 07

调和少量黑色和较多的水，晕染出淡淡的投影，如图6-176所示。

图6-176

青金石——椭圆型不透明蛋面宝石画法

颜料色卡

普兰	群青	土黄	白	黑

步骤与画法

STEP 01

图6-177

用铅笔画出椭圆形轮廓，如图6-177所示。

STEP 02

图6-178

调和群青色和适量的水，平涂在轮廓中，如图6-178所示。

STEP 03

图6-179

在群青色中调和适量普兰色，自然晕染，画出暗部，如图6-179所示。

STEP 04

图6-180

在群青色中调和少量的白色，晕染亮部，如图6-180所示。

STEP 05

图6-181

调和群青色和白色，点画宝石上的白色方解石包裹体。蘸取土黄色，点画宝石上的铜包裹体，如图6-181所示。

STEP 06

图6-182

用STEP 04的颜色，勾画轮廓边缘的反光和暗部的反光。再蘸取白色，点画高光，如图6-182所示。

STEP 07

调和少量黑色和较多的水，晕染出淡淡的投影，如图6-183所示。

图6-183

欧泊——椭圆型不透明蛋面宝石＋变彩效应画法

颜料色卡

湖蓝	群青	柠檬黄	橘黄	深红	中绿	白	黑

步骤与画法

STEP 01

图6-184

用铅笔画出椭圆形轮廓，如图6-184所示。

STEP 02

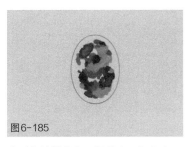

图6-185

分别将柠檬黄色、橘黄色、深红色、中绿色4个颜色加入适量黑色、白色，将颜色调得灰一些，在轮廓中点画较大的不规则斑块，注意斑块边缘处的层叠和穿插，如图6-185所示。

STEP 03

图6-186

分别将湖蓝色、群青色加入适量黑色、白色，将颜色调灰，填满轮廓边缘和颜色斑块之间的空隙，如图6-186所示。

STEP 04

图6-187

把画笔涮干净，趁颜色还未干，将所有颜色斑块的边缘融合，如图6-187所示。

STEP 05

图6-188

分别蘸取少量的柠檬黄色、中绿色，局部提亮相应较灰的颜色斑块，如图6-188所示。

STEP 06

图6-189

蘸取适量群青色和白色，调和适量的水，在轮廓边缘勾画出反光，以及宝石右下角暗部的反光，如图6-189所示。

STEP 07

图6-190

蘸取白色，点画高光，如图6-190所示。

STEP 08

图6-191

调和少量黑色和较多的水，晕染出淡淡的投影，如图6-191所示。

石榴石——圆型不透明宝石画法

颜料色卡

深红	紫罗兰	白

步骤与画法

STEP 01

图6-192

用铅笔画出圆形轮廓，如图6-192所示。

STEP 02

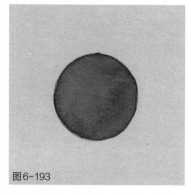

图6-193

蘸取紫罗兰色、深红色，调和大量的水，在轮廓中平涂底色，如图6-193所示。

STEP 03

图6-194

从右下角的边缘开始逐渐加重颜色，沿边缘向内晕染，如图6-194所示。

STEP 04

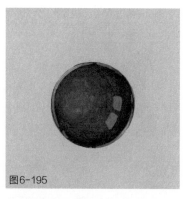

图6-195

在颜色中加入适量白色，画出暗部反光和边缘反光，如图6-195所示。

STEP 05

图6-196

蘸取白色，在受光处画出有弧度的梯形高光。注意高光和暗部反光的方向、弯曲弧度与位置，这些细节可以强化宝石的立体形态，如图6-196所示。

STEP 06

图6-197

调和少量黑色和较多的水，晕染出淡淡的投影，如图6-197所示。

珍珠——圆型不透明宝石画法

颜料色卡

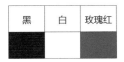

黑	白	玫瑰红
■	□	■

步骤与画法

STEP 01

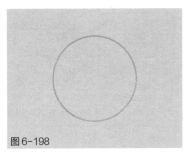

图6-198

用铅笔画出圆形轮廓，如图6-198所示。

STEP 02

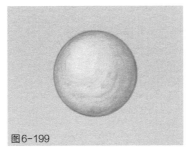

图6-199

调和适量白色、黑色和水，在轮廓边缘处画灰色，在左上角受光区画白色，然后将二者均匀、自然地晕染开。底色不宜画得太薄，如图6-199所示。

STEP 03

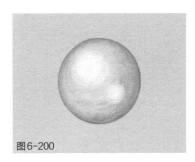

图6-200

蘸取白色，在左上角、右下角各点一个圆点，然后向四周均匀地过渡，如图6-200所示。

STEP 04

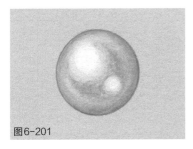

图6-201

在底色中调和少量黑色，在两个圆点之间画出蝴蝶状的暗部。颜料中可以略加玫瑰红色作为白色珍珠的伴彩，晕染在暗部颜色里，如图6-201所示。

STEP 05

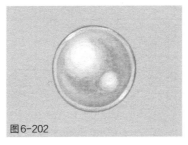

图6-202

勾画整个圆形轮廓的反光。提亮左上角、右下角的轮廓线，如图6-202所示。

STEP 06

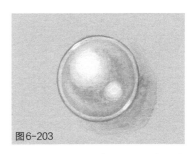

图6-203

调和少量黑色和较多的水，晕染出淡淡的投影，如图6-203所示。

其他常见不透明蛋面宝石效果图

① 黑色缟玛瑙，如图6-204所示。

颜料色卡

黑	白
■	□

图6-204

② 白色缟玛瑙，如图6-205所示。

③ 绿松石，如图6-206所示。

④ 星光蓝宝石，如图6-207所示。

颜料色卡

熟褐	白

图6-205

颜料色卡

湖蓝	淡绿	黑	白

图6-206

颜料色卡

普兰	群青	白

图6-207

⑤ 白欧泊，如图6-208所示。

⑥ 蜜蜡，如图6-209所示。

⑦ 粉色珍珠，如图6-210所示。

颜料色卡

柠檬黄	橘黄	中绿	白	黑

图6-208

颜料色卡

柠檬黄	土黄	白

图6-209

颜料色卡

紫罗兰	玫瑰红	白

图6-210

⑧ 黑珍珠，如图6-211所示。

⑨ 异形珍珠，如图6-212所示。

⑩ 珊瑚枝，如图6-213所示。

颜料色卡

黑	白	中绿

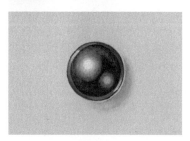

图6-211

颜料色卡

黑	白	玫瑰红

图6-212

颜料色卡

深红	大红	白

图6-213

刻面宝石画法

刻面宝石与蛋面宝石的绘制原理是相同的。不同琢型的宝石在绘制时会稍有技法上的区别，本节中的案例将依据不同的刻面琢型来划分。

◆ 圆型刻面宝石画法——以钻石为例

颜料色卡

黑	白

步骤与画法

STEP 01

图6-214

用铅笔画出圆型刻面宝石的线稿，如图6-214所示。

STEP 02

图6-215

蘸取黑色和白色，调和适量水，均匀平涂在线稿上，画出淡薄的底色，如图6-215所示。

STEP 03

图6-216

在底色中加入少量黑色，调和出暗部颜色。先画出呈放射状的亭部的暗部，再画出冠部的投影，如图6-216所示。

STEP 04

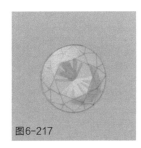

图6-217

调和适量白色和水，画出冠部受光区和亭部放射状的受光区，如图6-217所示。

STEP 05

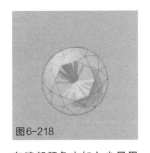

图6-218

在暗部颜色中加入少量黑色，加重亭部暗部和冠部投影的最暗处，强化宝石的立体感，如图6-218所示。

STEP 06

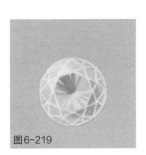

图6-219

蘸取白色调和适量水，勾画宝石所有的刻面棱线，如图6-219所示。

STEP 07

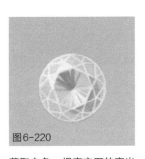

图6-220

蘸取白色，提亮宝石的高光面、冠部的受光棱线和亭部的高光，如图6-220所示。

STEP 08

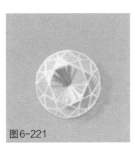

图6-221

调和少量黑色和较多的水，晕染出淡淡的投影，如图6-221所示。

其他常见圆型刻面宝石效果图

① 莎弗莱石，如图 6-222 所示。　② 金绿宝石，如图 6-223 所示。　③ 橙色蓝宝石，如图 6-224 所示。

颜料色卡

淡绿	中绿	白

颜料色卡

柠檬黄	橄榄绿	白

颜料色卡

橘黄	赭石	白

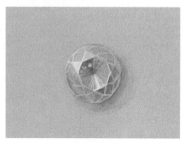

图 6-222

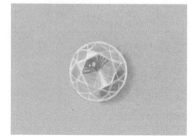

图 6-223

图 6-224

◆ 椭圆型刻面宝石画法——以蓝宝石为例

颜料色卡

普兰	群青	白

步骤与画法

STEP 01

图6-225

用铅笔画出椭圆型刻面宝石的线稿，如图6-225所示。

STEP 02

图6-226

蘸取群青色调和适量水，均匀平涂在线稿上，画出底色，如图6-226所示。

STEP 03

图6-227

在底色中调和普兰色，画出放射状的亭部暗部和冠部投影。在底色中加入白色，画出亭部放射状受光区和冠部受光区，如图6-227所示。

STEP 04

图6-228

加重亭部暗部和冠部投影的最暗处，加大明暗对比，强化宝石的立体感，如图6-228所示。

STEP 05

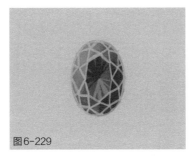

图6-229

蘸取已调和的亮部颜色，勾画宝石的所有刻面棱线，如图6-229所示。

STEP 06

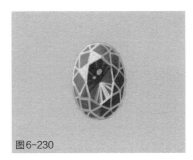

图6-230

蘸取白色，提亮宝石的高光面、冠部的受光棱线和亭部的高光，如图6-230所示。

STEP 07

调和少量黑色和较多的水，晕染出淡淡的投影，如图6-231所示。

图6-231

其他常见椭圆型刻面宝石效果图

① 红宝石，如图6-232所示。

颜料色卡

深红	大红	白

图6-232

② 紫水晶，如图6-233所示。

颜料色卡

紫罗兰	玫瑰红	白

图6-233

③ 帕拉伊巴碧玺，如图6-234所示。

颜料色卡

湖蓝	淡绿	白

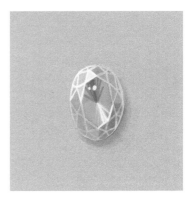

图6-234

◆ 枕垫型刻面宝石画法——以粉钻为例

颜料色卡

玫瑰红	赭石	白

步骤与画法

STEP 01

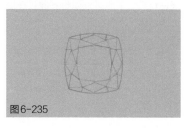

图6-235

用铅笔画出枕垫型刻面宝石的线稿，如图6-235所示。

STEP 02

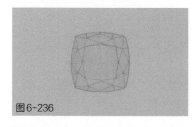

图6-236

取适量玫瑰红、赭石和白色，调和大量水分，用大号笔均匀平涂在线稿上，画出淡薄的钻石底色，如图6-236所示。

STEP 03

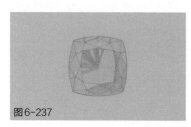

图6-237

调和稍浓的底色，画出自中心向左上方呈放射状发散的线条，这是亭部的暗部。再画出台面右下方冠部的投影，如图6-237所示。

STEP 04

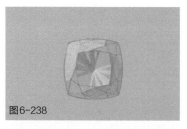

图6-238

在底色中调和适量白色和水，画出冠部的受光区域。亭部的受光区域与亭部的暗部相对，自中心向右下方呈放射状发散，如图6-238所示。

STEP 05

图6-239

加重亭部暗部和冠部投影的最暗处，加大明暗对比，增强宝石的立体感，如图6-239所示。

STEP 06

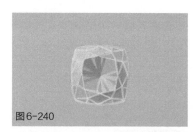

图6-240

蘸取白色调和适量水，把宝石所有刻面的棱线勾画一遍，如图6-240所示。

STEP 07

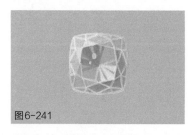

图6-241

蘸取白色，提亮宝石的高光面、冠部的受光棱线和亭部的高光，如图6-241所示。

STEP 08

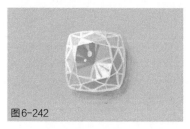

图6-242

调和少量黑色和较多的水，晕染出淡淡的投影，如图6-242所示。

其他常见枕垫型刻面宝石效果图

① 帕帕拉恰蓝宝石，如图 6-243 所示。　② 石榴石，如图 6-244 所示。　③ 灰色尖晶石，如图 6-245 所示。

颜料色卡

玫瑰红	橘红	白

颜料色卡

深红	紫罗兰	白

颜料色卡

黑	普兰	白

图 6-243

图 6-244

图 6-245

◆ 马眼型刻面宝石画法——以橄榄石为例

颜料色卡

深绿	熟褐	白

步骤与画法

STEP 01

图6-246

用铅笔画出马眼型刻面宝石的线稿，如图6-246所示。

STEP 02

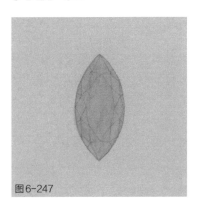

图6-247

蘸取深绿色和熟褐色，调和适量水，均匀平涂在线稿上，画出淡薄的底色，如图6-247所示。

STEP 03

图6-248

调和稍浓的底色，画出自中心向左上方呈放射状发散的线条，这是亭部的暗部。再画出台面右下方冠部的投影，如图6-248所示。

STEP 04

图6-249

在底色中调和适量白色和水，画出冠部的受光区域。亭部的受光区域与亭部的暗部相对，自中心向右下方呈放射状发散，如图6-249所示。

STEP 05

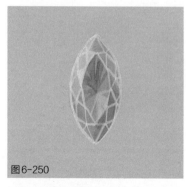

图6-250

蘸取白色调和底色和适量的水，把宝石所有刻面的棱线勾画一遍，如图6-250所示。

STEP 06

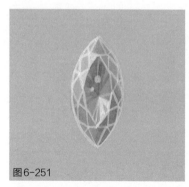

图6-251

蘸取白色，提亮宝石的高光面、冠部的受光棱线和亭部的高光，如图6-251所示。

STEP 07

调和少量黑色和较多的水，晕染出淡淡的投影，如图6-252所示。

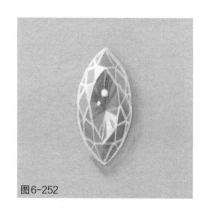

图6-252

其他常见马眼型刻面宝石效果图

① 白钻，如图 6-253 所示。

② 粉色托帕石，如图 6-254 所示。

③ 火欧泊，如图 6-255 所示。

④ 铬透辉石，如图 6-256 所示。

颜料色卡

黑	白

颜料色卡

玫瑰红	白

颜料色卡

橘黄	赭石	白

颜料色卡

深绿	白

图6-253

图6-254

图6-255

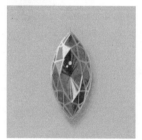

图6-256

◆ 水滴型刻面宝石画法——以芬达石为例

颜料色卡

橘黄	赭石	白

步骤与画法

STEP 01

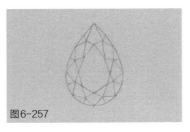

图6-257

用铅笔，画出水滴型刻面宝石的线稿，如图6-257所示。

STEP 02

图6-258

蘸取适量橘黄色和赭石色，调和适量水，均匀平涂在线稿上，画出底色，如图6-258所示。

STEP 03

图6-259

调和稍浓的底色，画出自中心向左上方呈放射状发散的线条，这是亭部的暗部。再画出台面右下方冠部的投影，如图6-259所示。

STEP 04

图6-260

在底色中调和适量白色和水。画出冠部的受光区域。亭部的受光区域与亭部的暗部相对，自中心向右下方呈放射状发散，如图6-260所示。

STEP 05

图6-261

加重亭部暗部和冠部投影的最暗处，加大明暗对比，强化宝石的立体感，如图6-261所示。

STEP 06

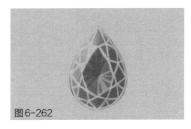

图6-262

蘸取白色调和底色和适量水，把宝石所有刻面的棱线勾画一遍，如图6-262所示。

STEP 07

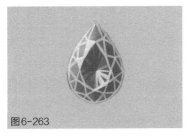

图6-263

蘸取白色，提亮宝石的高光面、冠部的受光棱线和亭部的高光，如图6-263所示。

STEP 08

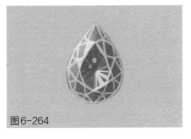

图6-264

调和少量黑色和较多的水，晕染出淡淡的投影，如图6-264所示。

其他常见水滴型刻面宝石效果图

① 白钻，如图 6-265
所示。

② 海蓝宝石，如图 6-266
所示。

③ 摩根石，如图 6-267
所示。

④ 翠榴石，如图 6-268
所示。

颜料色卡

黑	白

颜料色卡

翠绿	湖蓝	白

颜料色卡

赭石	橘黄	白

颜料色卡

深绿	翠绿	白

图 6-265

图 6-266

图 6-267

图 6-268

◆ 心型刻面宝石画法——以坦桑石为例

颜料色卡

普兰	群青	紫罗兰	白

步骤与画法

STEP 01

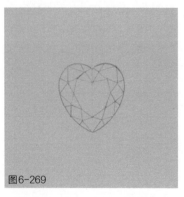

图6-269

用铅笔画出心型刻面宝石的线稿，如
图6-269所示。

STEP 02

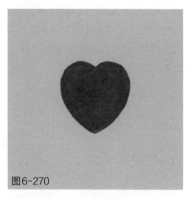

图6-270

蘸取适量普兰色、群青色和紫罗兰色，
调和适量水，均匀平涂在线稿上，画出
底色，如图6-270所示。

STEP 03

图6-271

调和稍浓的底色，画出自中心向左上方
呈放射状发散的线条，这是亭部的暗
部。再画出台面右下方冠部的投影，如
图6-271所示。

STEP 04

图6-272

在底色中调和适量白色和水，画出冠部的受光区域。亭部的受光区域与亭部的暗部相对，自中心向右下方呈放射状发散，如图6-272所示。

STEP 05

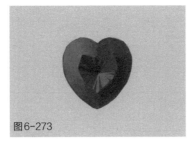

图6-273

加重亭部暗部和冠部投影的最暗处，加大明暗对比，强化宝石的立体感，如图6-273所示。

STEP 06

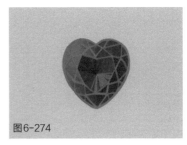

图6-274

蘸取白色调和底色和适量水，把宝石所有刻面的棱线勾画一遍，如图6-274所示。

STEP 07

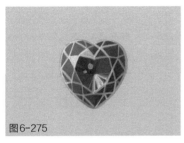

图6-275

蘸取白色，提亮宝石的高光面、冠部的受光棱线和亭部的高光，如图6-275所示。

STEP 08

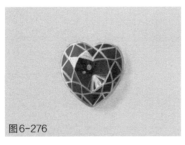
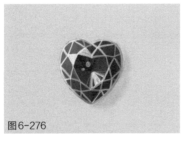

图6-276

调和少量黑色和较多的水，晕染出淡淡的投影，如图6-276所示。

其他常见心型刻面宝石效果图

① 白钻，如图 6-277 所示。

② 粉色钻石，如图 6-278 所示。

③ 蓝色钻石，如图 6-279 所示。

颜料色卡

黑	白

颜料色卡

玫瑰红	赭石	白

颜料色卡

群青	白

图6-277

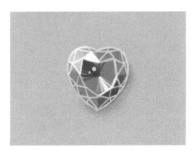

图6-278

图6-279

◆ 三角型刻面宝石画法——以黄水晶为例

颜料色卡

中黄	熟褐	白

步骤与画法

STEP 01

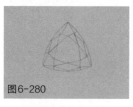

图6-280

用铅笔画出三角型刻面宝石的线稿,如图6-280所示。

STEP 02

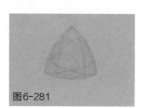

图6-281

蘸取适量中黄色和熟褐色,调和适量水,均匀平涂在线稿上,画出底色,如图6-281所示。

STEP 03

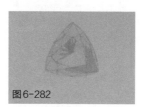

图6-282

调和稍浓的底色,画出自中心向左上方呈放射状发散的线条,这是亭部的暗部。再画出台面右下方冠部的投影,如图6-282所示。

STEP 04

图6-283

在底色中调和适量白色和水,画出冠部的受光区域。亭部的受光区域与亭部的暗部相对,自中心向右下方呈放射状发散,如图6-283所示。

STEP 05

图6-284

加重亭部暗部和冠部投影的最暗处,加大明暗对比,强化宝石的立体感,如图6-284所示。

STEP 06

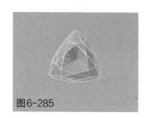

图6-285

蘸取白色调和底色与适量水,把宝石所有刻面的棱线勾画一遍,如图6-285所示。

STEP 07

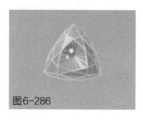

图6-286

蘸取白色,提亮宝石的高光面、冠部的受光棱线和亭部的高光,如图6-286所示。

STEP 08

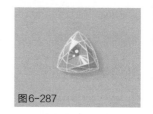

图6-287

调和少量黑色和较多的水,晕染出淡淡的投影,如图6-287所示。

其他常见三角型刻面宝石效果图

① 粉色碧玺,如图 6-288 所示。

颜料色卡

赭石	紫罗兰	玫瑰红	白

图6-288

② 紫色蓝宝石,如图 6-289 所示。

颜料色卡

紫罗兰	玫瑰红	白

图6-289

③ 坦桑石,如图 6-290 所示。

颜料色卡

群青	紫罗兰	白

图6-290

◆ 祖母绿型刻面宝石画法——以祖母绿为例

颜料色卡

中绿	翠绿	普兰	白

步骤与画法

STEP 01

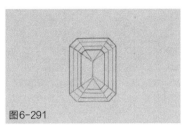

图6-291

用铅笔画出祖母绿型刻面宝石的线稿，并在台面中画出表现亭部刻面的辅助线，如图6-291所示。

STEP 02

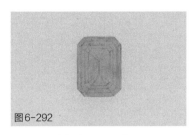

图6-292

蘸取适量中绿色和翠绿色，调和适量水，均匀平涂在线稿上，画出淡薄的底色，如图6-292所示。

STEP 03

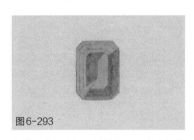

图6-293

在底色中加入适量普兰色，画出亭部的暗部，再画出台面右下方冠部的投影，如图6-293所示。

STEP 04

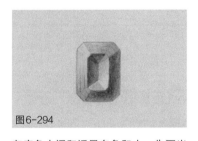

图6-294

在底色中调和适量白色和水，先画出冠部的受光区域。再画出亭部的受光区域，该区域与亭部的暗部位置相对。加重亭部暗部和冠部投影的最暗处，加大明暗对比，强化宝石的立体感，如图6-294所示。

STEP 05

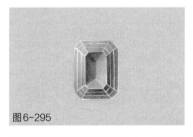

图6-295

蘸取白色调和底色和适量水，把宝石所有刻面的棱线勾画一遍，如图6-295所示。

STEP 06

图6-296

蘸取白色，提亮宝石的高光面、冠部的受光棱线和亭部的高光，如图6-296所示。

STEP 07

调和少量黑色和较多的水，晕染出淡淡的投影，如图6-297所示。

图6-297

其他常见祖母绿型刻面宝石效果图

① 白钻，如图 6-298 所示。　② 紫水晶，如图 6-299 所示。　③ 双色碧玺，如图 6-300 所示。

颜料色卡

黑	白

颜料色卡

紫罗兰	玫瑰红	白

颜料色卡

翠绿	橘红	白

图 6-298

图 6-299

图 6-300

◆ 辐射型刻面宝石画法——以蓝色托帕石为例

颜料色卡

湖蓝	钴蓝	白

步骤与画法

STEP 01

图6-301

用铅笔画出辐射型刻面宝石的线稿，并在台面中画出表现亭部刻面的辅助线，如图6-301所示。

STEP 02

图6-302

蘸取适量湖蓝色和钴蓝色，调和适量水，均匀平涂在线稿上，画出淡薄的底色，如图6-302所示。

STEP 03

图6-303

调和稍浓的底色，画出自中心向左上方呈放射状发散的线条，这是亭部的暗部。再画出台面右下方冠部的投影，如图6-303所示。

STEP 04

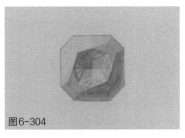

图6-304

在底色中调和适量白色和水，画出冠部的受光区域，亭部的受光区域与亭部的暗部相对，如图6-304所示。

STEP 05

图6-305

加重亭部暗部和冠部投影的最暗处，加大明暗对比，强化宝石的立体感，如图6-305所示。

STEP 06

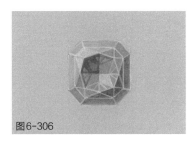

图6-306

蘸取白色调和底色和适量水，把宝石所有刻面的棱线勾画一遍，如图6-306所示。

STEP 07

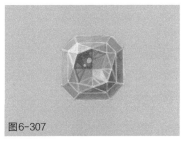

图6-307

蘸取白色，提亮宝石的高光面、冠部的受光棱线和亭部的高光，如图6-307所示。

STEP 08

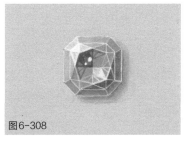

图6-308

调和少量黑色和较多的水，晕染出淡淡的投影，如图6-308所示。

其他常见辐射型刻面宝石效果图

① 白钻，如图 6-309 所示。

颜料色卡

黑	白

图6-309

② 黄钻，如图 6-310 所示。

颜料色卡

熟褐	柠檬黄	白

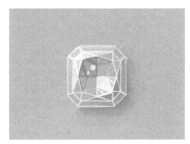

图6-310

③ 蓝钻，如图 6-311 所示。

颜料色卡

湖蓝	白

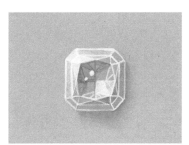

图6-311

◆ 公主方型刻面宝石画法——以黄钻为例

颜料色卡

中黄	柠檬黄	熟褐	白

步骤与画法

STEP 01

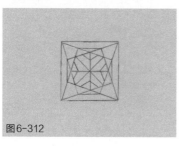

图6-312

用铅笔画出公主方型刻面宝石的线稿，并在台面中画出表现亭部刻面的辅助线，如图6-312所示。

STEP 02

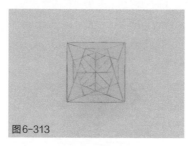

图6-313

蘸取适量中黄色和柠檬黄色，调和适量水，均匀平涂在线稿上，画出淡薄的底色，如图6-313所示。

STEP 03

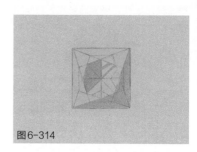

图6-314

在底色中调和少量熟褐，画出台面暗部和冠部投影，如图6-314所示。

STEP 04

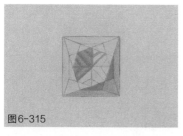

图6-315

在STEP 03的颜色中加入少量熟褐，加重亭部棱线和冠部投影的最暗处，如图6-315所示。

STEP 05

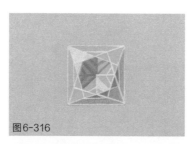

图6-316

蘸取白色调和底色和适量水，把宝石所有刻面的棱线勾画一遍，如图6-316所示。

STEP 06

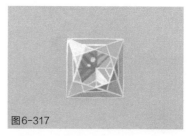

图6-317

蘸取白色，提亮宝石的高光面、冠部的受光棱线和亭部的高光，如图6-317所示。

STEP 07

调和少量黑色和较多的水，晕染出淡淡的投影，如图6-318所示。

图6-318

其他常见公主方型刻面宝石效果图

① 白钻，如图 6-319 所示。　② 粉色钻石，如图 6-320 所示。　③ 蓝色钻石，如图 6-321 所示。

颜料色卡

黑	白

图6-319

颜料色卡

玫瑰红	赭石	白

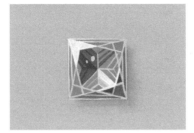

图6-320

颜料色卡

群青	白

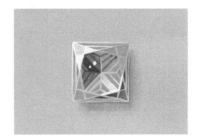

图6-321

◆ 玫瑰型刻面宝石画法——以粉水晶为例

颜料色卡

紫罗兰	深红	白

步骤与画法

STEP 01

图6-322

用铅笔画出玫瑰型刻面宝石的线稿，如图6-322所示。

STEP 02

图6-323

调和适量紫罗兰色、深红色和水，在轮廓中画出淡薄的底色，注意右下角的反光部分要画得薄一些，如图6-323所示。

STEP 03

图6-324

在底色中调和稍多的紫罗兰色和深红色，在宝石的左上角加重颜色，如图6-324所示。

STEP 04

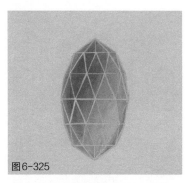

图6-325

蘸取白色调和底色和适量水，把宝石所有刻面的棱线勾画一遍，如图6-325所示。

STEP 05

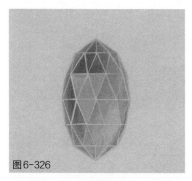

图6-326

找出高光周围的几个刻面，将STEP 04的颜色平涂在这几个刻面上，如图6-326所示。

STEP 06

图6-327

蘸取白色画出高光刻面，并提亮高光周围的棱线，增强立体感，如图6-327所示。

STEP 07

调和少量黑色和较多的水，晕染出淡淡的投影，如图6-328所示。

图6-328

其他常见玫瑰型刻面宝石效果图

① 海蓝宝石，如图 6-329 所示。

② 紫水晶，如图 6-330 所示。

颜料色卡

翠绿	湖蓝	白

颜料色卡

紫罗兰	白

图 6-329

图 6-330

第 7 章

绘制镶嵌结构效果图

CHAPTER 07

镶嵌结构效果图是珠宝设计图中交代金属材质和宝石镶嵌方式的重要部分，是专业的珠宝设计效果图中不可省略的必要内容。一件珠宝的产生必须依托工艺制作，所以对于设计师来说，对工艺的把握绝不能仅仅停留在图像层面，要不断积累对工艺的了解。本章列举了珠宝中常用的 8 项镶嵌工艺，以核心案例为主要效果图进行示范，并附有常见的视图样式。

包镶

　　包镶也称包边镶，是用一圈金属围边把宝石腰部和腰部以下部分包住的一种镶嵌方式。包镶的特点是十分稳固且金属用量多。采用包镶的宝石看上去像是一个杯子蛋糕，宝石只露出腰线的上半部分。其适用于尺寸相对较大的单颗蛋面宝石和刻面宝石。

◆ 包镶结构的画法

STEP 01

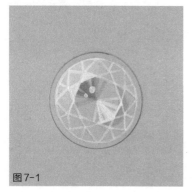

图7-1

在已画好的圆钻轮廓外围，用铅笔勾画出包镶的包边轮廓，如图7-1所示。

STEP 02

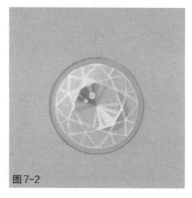

图7-2

调和出银白色系金属的主体色，用小号笔蘸取颜色，平涂在轮廓线内，如图7-2所示。

STEP 03

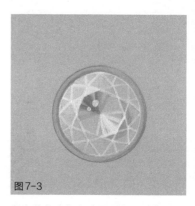

图7-3

在主体色中加入少量黑色，调和出暗部颜色，用小号笔在环状包边的背光处画出暗部，如图7-3所示。

STEP 04

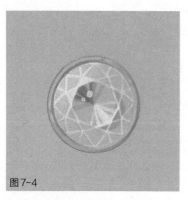

图7-4

用小号笔蘸取白色调和少量水，画出包边的受光部分，如图7-4所示。

STEP 05

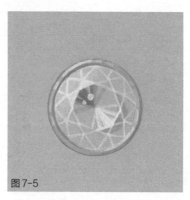

图7-5

用小号笔蘸取白色，提亮高光，增强质感，如图7-5所示。

◆ 包镶结构的三视图

顶视图，如图 7-6 所示。正视图，如图 7-7 所示。侧视图，如图 7-8 所示。

图 7-6

图 7-7

图 7-8

其他常见宝石包镶结构效果图

① 蛋面宝石包镶——蛋面水滴型翡翠 + 包镶结构，如图 7-9 所示。

② 刻面宝石包镶——刻面心型紫水晶 + 包镶结构，如图 7-10 所示。

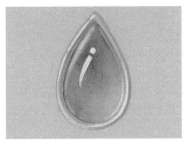
图 7-9

图 7-10

爪镶

爪镶是用突出的柱状金属镶爪来固定宝石的一种镶嵌方式。它的优点是结构简洁且金属用量少，既能镶嵌得牢固，又能最大限度地展现宝石，所以爪镶是最为常用的镶嵌方式之一。其适用于尺寸相对较大的单颗蛋面宝石和刻面宝石，在镶嵌主石时最常用。

◆ 爪镶结构的画法

STEP 01

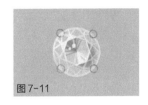
图 7-11

在已画好的圆钻轮廓边缘，均匀排布 4 个镶爪的位置。用铅笔画出爪头的形状，注意爪头要稍微覆盖钻石的边缘，如图 7-11 所示。

STEP 02

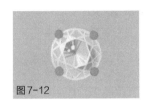
图 7-12

调和出银白色系金属的主体色，用小号笔蘸取颜色，平涂在 4 个镶爪上，如图 7-12 所示。

STEP 03

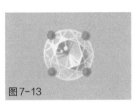
图 7-13

在主体色中加入少量黑色，调和出暗部颜色，用小号笔画出 4 个镶爪的暗部，如图 7-13 所示。

STEP 04

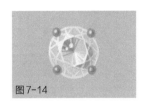
图 7-14

用小号笔蘸取白色，在 4 个镶爪的受光处点出高光，如图 7-14 所示。

◆ 爪镶结构的三视图

顶视图，如图7-15所示。正视图，如图7-16所示。侧视图，如图7-17所示。

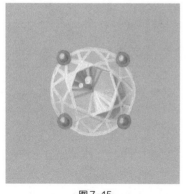

图7-15

图7-16

图7-17

其他常见宝石爪镶结构效果图

椭圆型蛋面宝石爪镶，如图7-18所示。三角型刻面宝石爪镶，如图7-19所示。椭圆型刻面宝石爪镶，如图7-20所示。

图7-18

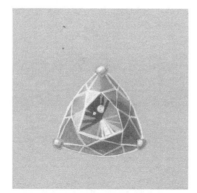

图7-19

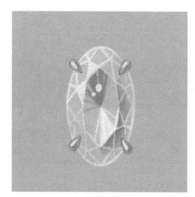

图7-20

三角型刻面宝石六爪镶，如图7-21所示。公主方型刻面宝石方爪镶，如图7-22所示。祖母绿型刻面宝石石爪镶，如图7-23所示。

图7-21

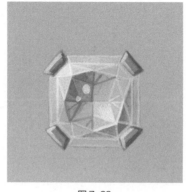

图7-22

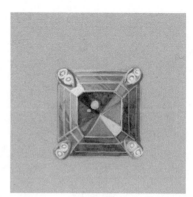

图7-23

共齿镶

共齿镶以爪镶为基础原理，将固定两颗紧挨的宝石的镶爪合二为一，起到一爪共用的效果。这种镶嵌方式适用于形状、大小相同且呈单一排列的宝石，但选用宝石不宜太小，这种方式能够减少金属用量。由于镶爪数量少、体积小，所以在视觉上，使用共齿镶的整排宝石呈现出接近没有镶嵌结构的裸石效果。

◆ 共齿镶结构的画法

STEP 01	STEP 02	STEP 03	STEP 04
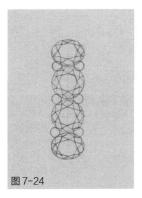	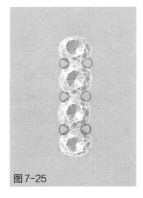	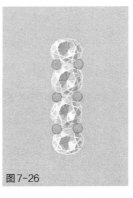	
图7-24	图7-25	图7-26	图7-27
用铅笔画出共齿镶结构和宝石线稿，如图7-24所示。	完善镶口中的宝石，如图7-25所示。	画出宝石之间银白色的共用镶爪，如图7-26所示。	画出镶爪的暗部和亮部，并点画高光，如图7-27所示。

◆ 共齿镶结构的多视图

顶视图，如图 7-28 所示。侧视图，如图 7-29 所示。其他常见宝石共齿镶结构效果图如图 7-30 所示。

图 7-28	图 7-29	图 7-30

轨道镶

轨道镶也叫槽镶，是用一个两侧内壁有卡槽的开口槽将一排相同大小、相同琢型的刻面宝石镶嵌在内的镶嵌方式。使用轨道镶的宝石看起来是有一个长方体的框，把宝石并排框在其中，且宝石的台面不会高出框。这种镶嵌方式非常稳固，适用于尺寸相对较大的刻面宝石。

◆ 轨道镶结构的画法

STEP 01

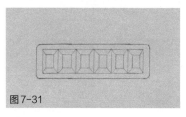

图7-31

用铅笔画出轨道镶结构和宝石线稿，如图7-31所示。

STEP 02

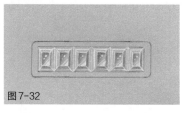

图7-32

完善镶口中的宝石，如图7-32所示。

STEP 03

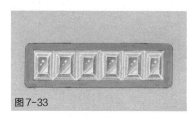

图7-33

调和银白色系金属的颜色，画出轨道镶边的底色，如图7-33所示。

STEP 04

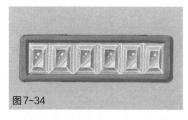

图7-34

画出轨道镶边的暗部，如图7-34所示。

STEP 05

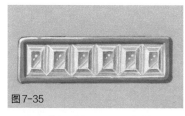

图7-35

画出轨道镶边的亮部，并提亮高光，如图7-35所示。

◆ 轨道镶结构的三视图

顶视图，如图7-36所示。正视图，如图7-37所示。侧视图，如图7-38所示。

其他常见宝石轨道镶结构效果图如图7-39所示。

图7-36

图7-37

图7-38

图7-39

起钉镶

　　起钉镶也叫铺镶，是应用最为普遍的一种适合大面积群镶的镶嵌方式。这种镶嵌方式适合镶嵌较小的刻面圆型宝石，宝石可大小相同，也可大小不一，非常灵活，可以营造出密密麻麻、宝石满镶的豪华效果。

◆ 平面起钉镶结构的画法

STEP 01

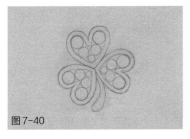

图7-40

用铅笔画出平面起钉镶的造型结构与宝石线稿，如图7-40所示。

STEP 02

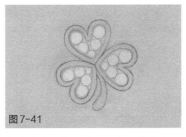

图7-41

在镶嵌宝石的区域画上宝石的底色，并画出镶边和宝石的投影，如图7-41所示。

STEP 03

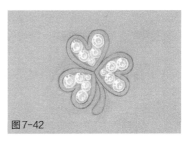

图7-42

用小号笔勾出所有宝石的轮廓和台面，点画高光和亭部反光，如图7-42所示。

STEP 04

图7-43

在金属镶边上平涂银白色系金属的底色，如图7-43所示。

STEP 05

图7-44

画出金属镶边的暗部，如图7-44所示。

STEP 06

图7-45

画出金属镶边的亮部，并点画高光，如图7-45所示。

STEP 07

点画宝石之间的小钉，如图7-46所示。

图7-46

◆ 平面起钉镶结构的三视图

正视图，如图7-47所示。侧视图，如图7-48所示。顶视图，如图7-49所示。

其他常见平面起钉镶结构效果图如图7-50所示。

图 7-47

图 7-48

图 7-49

图 7-50

◆ 曲面起钉镶结构的画法

STEP 01

图7-51

用铅笔画出曲面起钉镶的造型结构与宝石线稿，如图7-51所示。

STEP 02

图7-52

在镶嵌宝石的区域画上宝石的底色，注意整个镶嵌结构的明暗关系，需画出受光亮部与背光暗部之间的过渡，如图7-52所示。

STEP 03

图7-53

在STEP 02的基础上，调和暗部颜色，画出宝石的投影，如图7-53所示。

STEP 04

图7-54

在STEP 02的颜料中调和适量白色，用小号笔勾出所有宝石的轮廓和台面，然后为受光区域的宝石点画高光和亭部反光，如图7-54所示。

STEP 05

图7-55

用小号笔，调和适量水和白色，为受光区域的宝石提亮轮廓、高光和亭部反光，如图7-55所示。

STEP 06

图7-56

在金属镶边上平涂银白色系金属的底色，如图7-56所示。

STEP 07

图7-57

画出金属镶边的亮部和暗部，点画高光，如图7-57所示。

STEP 08

图7-58

点画宝石之间的小钉，如图7-58所示。

◆ 曲面起钉镶结构的三视图

正视图，如图 7-59 所示。侧视图，如图 7-60 所示。顶视图，如图 7-61 所示。

其他常见曲面起钉镶结构效果图如图 7-62 所示。

图 7-59   图 7-60   图 7-61   图 7-62

无边镶

无边镶也叫隐秘式镶嵌，其最大的特征就是从珠宝的正视角度看不到镶嵌的金属部分。隐秘式镶嵌是通过地板块式的相互拼接，让宝石卡在平行的金属轨道之上实现的。所以，无边镶对宝石的硬度要求很高，而且为了遮挡住内部的金属卡槽，一般会选用透明度相对较低的宝石，例如红宝石和蓝宝石。

◆ 无边镶结构的画法

STEP 01

图 7-63

用铅笔画出无边镶结构和宝石线稿，如图 7-63 所示。

STEP 02

图 7-64

调和蓝宝石的颜色，平涂在宝石轮廓中，如图 7-64 所示。

STEP 03

图 7-65

调和蓝宝石的暗部颜色，在宝石的背光处画出格子状的阴影，如图 7-65 所示。

STEP 04

图7-66

调和蓝宝石的亮部颜色，在宝石的受光处画出较亮的宝石边缘，如图7-66所示。

STEP 05

图7-67

找出受光最集中的区域，调和出高光的颜色，提亮最亮的受光区域，并根据弧面的弯曲程度画出渐变效果，如图7-67所示。

STEP 06

图7-68

完善金属部分，如图7-68所示。

◆ 无边镶结构的三视图

正视图，如图 7-69 所示。侧视图，如图 7-70 所示。顶视图，如图 7-71 所示。

图 7-69

图 7-70

图 7-71

其他常见宝石无边镶结构效果图如图 7-72 所示。

图 7-72

凹镶

凹镶也叫澳镶，是将单颗宝石镶嵌在金属凹坑中，呈现出凹陷的视觉效果。凹镶一般直接将宝石镶嵌在金属表面上，且镶嵌后宝石台面一般与金属表面齐平，所以镶嵌得非常稳固且平整。其适用于尺寸较小的宝石，起到装饰的效果。

◆ 凹镶结构的画法

STEP 01

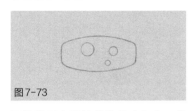

图7-73

用铅笔画出凹镶结构轮廓和宝石线稿，如图7-73所示。

STEP 02

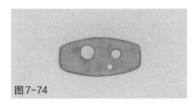

图7-74

调和适量土黄色和水，在线稿中的金属件部分平涂底色，如图7-74所示。

STEP 03

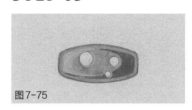

图7-75

在上一步的颜料中加入少量熟褐色，画出金属件的暗部。在上一步的颜料中调和适量白色，画出金属件的亮部，如图7-75所示。

STEP 04

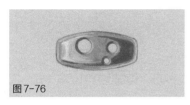

图7-76

将金属件的暗部加重，将亮部提亮，画出宝石镶口边缘的凹陷，如图7-76所示。

STEP 05

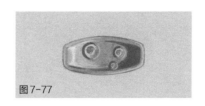

图7-77

调和少量黑色和水，在石位中画出钻石的暗部，如图7-77所示。

STEP 06

图7-78

用小号笔蘸取白色调和适量水，勾画钻石台面的边缘和高光，如图7-78所示。

◆ 凹镶结构的三视图

顶视图，如图 7-79 所示。侧视图，如图 7-80 所示。正视图，如图 7-81 所示。

其他常见宝石凹镶结构效果图如图 7-82 所示。

图 7-79

图 7-80

图 7-81

图 7-82

卡镶

卡镶也叫夹镶，是利用金属张力来固定宝石的一种镶嵌方式。简单来讲，卡镶就是在石位两侧的金属镶口上各磨出一个浅槽，镶嵌时将宝石的腰部卡进去。这种镶嵌方式可以使宝石裸露的部分更多，减少镶口对光线的遮挡，使宝石显得更亮，在造型上也显得更为灵动、时尚。

◆ 卡镶结构的画法

STEP 01

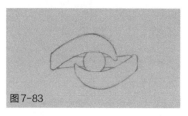

图7-83

用铅笔画出卡镶结构的造型和宝石轮廓，如图7-83所示。

STEP 02

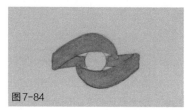

图7-84

在金属轮廓中平涂玫瑰金色系金属底色，如图7-84所示。

STEP 03

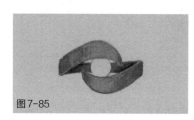

图7-85

画出金属的暗部和阴影部分，塑造更强的立体感，如图7-85所示。

STEP 04

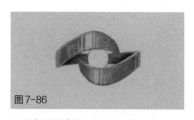

图7-86

画出金属的亮部，如图7-86所示。

STEP 05

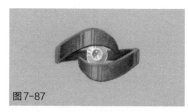

图7-87

画出宝石，如图7-87所示。

STEP 06

图7-88

提亮金属上的高光，塑造更强的金属质感，如图7-88所示。

◆ 卡镶结构的三视图

顶视图，如图 7-89 所示。侧视图，如图 7-90 所示。正视图，如图 7-91 所示。

其他常见宝石卡镶结构效果图如图 7-92 所示。

图7-89

图7-90

图7-91

图7-92

第 8 章

综合应用
效果图案例

CHAPTER 08

我们在绘制珠宝设计的最终方案时，就是在绘制一份包括宝石、金属以及镶嵌结构的综合应用效果图。前几章对各种单体的练习在这一章里汇总到了一处，像是一种排列组合。三者的运用方式千变万化，最终为设计师心中的创意效果服务。在无数种综合应用的可能性下，不同款式的效果图仍有一些可以遵循的画面表现规律，这一章将对其逐一进行详解。

戒指

戒指佩戴在手指上，是相对其他珠宝而言立体结构更突出的珠宝。戒指由于体积小，又和手指紧紧相套，所以其佩戴位置较固定。戒指的结构一般包括戒圈、主石和配石。

◆ 戒指的画面构图

戒指的结构相对立体，而且就大多数情况而言，主石多镶嵌于戒壁的正上方，戒壁两侧一般为素圈或配石，并非主要展现部分，所以戒指效果图的表现视角一般选择倾斜视角，如图8-1所示，或顶视视角，如图8-2所示。这两种视角易于展现主石区域、一部分戒壁和戒圈结构。当然，也存在不同部位拥有丰富细节的戒指设计，所以为了能够展现戒指的全貌，可绘制三视图作为效果图的补充，如图8-3所示。

倾斜视角

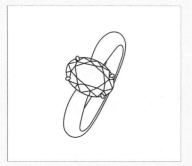

图8-1

顶视视角

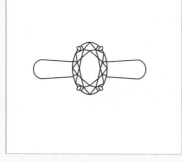

图8-2

三视图

图8-3

◆ 戒指的效果图画法

STEP 01

用铅笔在卡纸上画好戒指三视图与透视图的线稿，如图8-4所示。

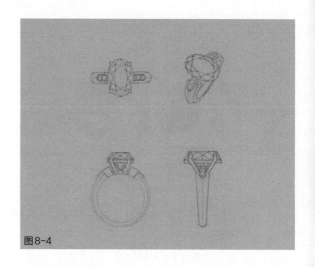

图8-4

STEP 02

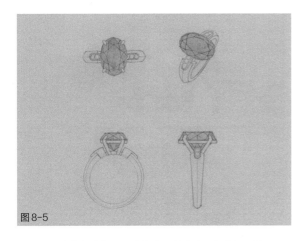

图8-5

调和主石淡薄的底色，平涂在宝石轮廓中，如图8-5所示。

STEP 03

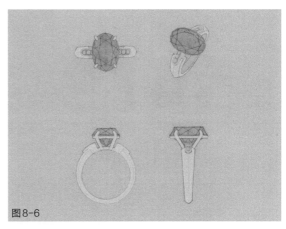

图8-6

调和出银白色系金属的颜色，平涂在金属轮廓中，如图8-6所示。

STEP 04

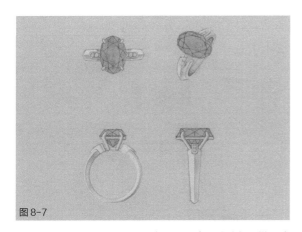

图8-7

调和出银白色系金属的暗部颜色，刻画金属的暗部，增强戒指结构的立体感，如图8-7所示。

STEP 05

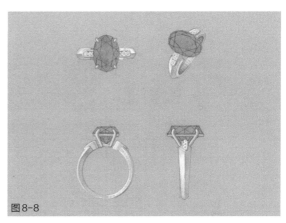

图8-8

调和出银白色系金属的亮部颜色，刻画金属的亮部，进一步塑造戒指的立体感，如图8-8所示。

STEP 06

刻画主石，并补充、调整图中的细节，如图8-9所示。

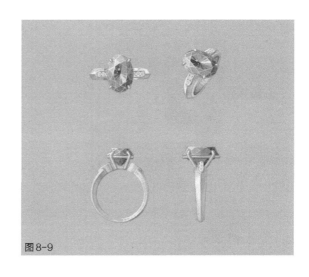

图8-9

项链

项链主体的结构与戒指类似，是佩戴在脖颈上的圆环状结构。佩戴时，项链会贴合身体，随着转头、低头等动作而稍有摆动，但整体会基本保持稳定。项链的结构一般包括项链主体、链子部分和扣合关节部分。

◆ 项链的画面构图

项链主体是项链的重要展示部分。根据项链的复杂程度、结构设定及可铺展程度的不同，有的项链可以完全铺平，如图8-10所示，有的项链是简单的链条加吊坠，如图8-11所示，有的项链是与脖颈贴合的立体项圈，如图8-12所示。所以在表现项链时，我们采用正视视角能使其展现得更丰富、更漂亮。项链效果图的表现视角一般为两种：平铺视角或佩戴视角。

平铺视角

图8-10

佩戴视角

① 简洁款：适用于项链吊坠效果图。　　② 复杂款：适用于项链整体效果图。

图8-11

图8-12

◆ 项链的效果图画法

STEP 01

图8-13

用铅笔在卡纸上画好线稿，如图8-13所示。

STEP 02

图8-14

分别调和各彩色宝石的底色，画在相应的区域，注意颜色过渡区域的晕染要自然，如图8-14所示。

STEP 03

图8-15

调和金属的颜色，给条带状起钉镶槽上色，注意留出石位。在结构交叠处用较暗的金属颜色加重，要强化结构的层次效果，如图8-15所示。

STEP 04

图8-16

画出钻石和镶爪，如图8-16所示。

STEP 05

图8-17

刻画项链主体五瓣花上的起钉镶效果,注意受光位置的高光的处理方式要得当,要以白色高光为中心向四周均匀过渡,如图8-17所示。

STEP 06

图8-18

用最小号笔蘸取白色,勾画配钻,处于阴影位置的配钻要稍稍调和些黑色来画,如图8-18所示。

STEP 07

图8-19

刻画树叶状的碧玺雕刻件,如图8-19所示。

STEP 08

图8-20

用小号勾线笔勾画起钉镶的两条镶边,并提亮受光处、加重暗部,凸显金属结构的立体效果,如图8-20所示。

STEP 09

画出整条项链的投影，如图8-21所示。

图8-21

胸针

胸针是别在服装上的首饰，不与身体部位直接接触。胸针的结构包含胸针主体和背针两部分，二者位置一正一背。背针可以使胸针紧贴在服装上，所以其佩戴的位置十分固定。

◆ 胸针的画面构图

观察胸针的最佳视角是平行于背针的正视视角，所以绘制胸针效果图时一般采用正视视角，如图 8-22 所示。

正视视角

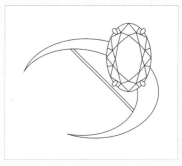

图8-22

◆ 胸针的效果图画法

STEP 01

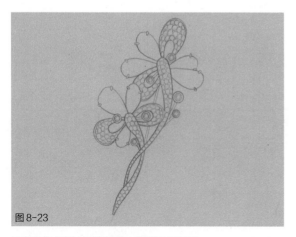

图8-23

用铅笔在卡纸上画好线稿，如图8-23所示。

STEP 02

图8-24

调和银白色系金属的底色，平涂在金属部分，注意避开宝石部分，留出石位，如图8-24所示。

STEP 03

图8-25

画出金属的背光暗部，如图8-25所示。

STEP 04

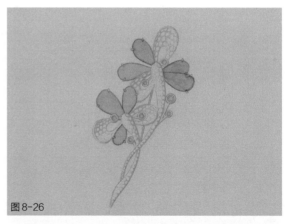

图8-26

分别调和出不同彩色宝石的底色，平涂在宝石轮廓中，如图8-26所示。

STEP 05

刻画翡翠，塑造翡翠的质感，如图8-27所示。

图8-27

STEP 06

图8-28

刻画彩色宝石，塑造刻面宝石的质感，如图8-28所示。

STEP 07

图8-29

调和配钻的底色，平涂在预留的石位中，注意背光区域的配钻底色要略暗一些，如图8-29所示。

STEP 08

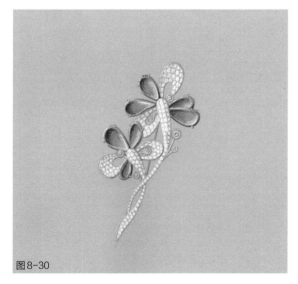

图8-30

点画配钻的受光区域翡翠的镶爪与起钉镶的钉，将金属的受光区域提亮，把背光区域压暗，塑造金属结构的立体感，如图8-30所示。

STEP 09

图8-31

画出胸针的投影，如图8-31所示。

耳饰

耳饰的结构由耳钩或耳针和耳饰主体组成。佩戴时一端由耳钩或耳针固定在耳垂上，另一端悬空，自然下垂。

◆ 耳饰的画面构图

佩戴后，观察耳饰的适宜范围大约在正脸到侧脸的90°水平范围内。一般选择垂直于耳钩或耳针的正视视角来绘制耳饰的效果图，如图8-32所示。

正视视角

图8-32

◆ 耳饰的效果图画法

STEP 01

用铅笔在卡纸上画好线稿，如图8-33所示。

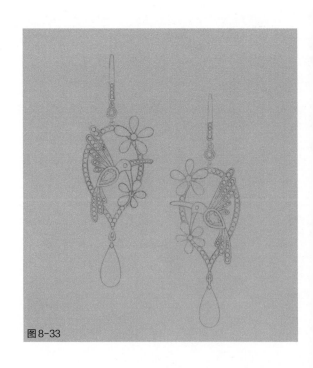

图8-33

STEP 02

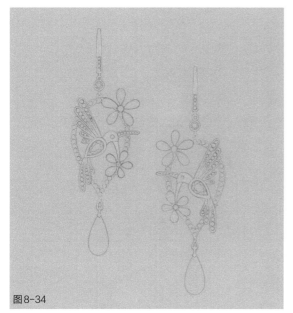

图8-34

调和银白色系金属的底色，平涂在金属部分，如图8-34所示。

STEP 03

图8-35

分别调和出不同彩色宝石的底色，平涂在宝石轮廓中，如图8-35所示。

STEP 04

图8-36

画出金属的背光暗部，如图8-36所示。

STEP 05

图8-37

调和出淡淡的白色，平涂在配钻轮廓中，画出配钻的底色，如图8-37所示。

STEP 06

图8-38

刻画彩色宝石和配钻，塑造不同宝石的质感，如图8-38
所示。

STEP 07

图8-39

提亮金属的受光区域，塑造金属结构的立体感，如图8-39
所示。

STEP 08

图8-40

画出配钻的阴影，强化立体关系，如图8-40所示。

STEP 09

图8-41

画出耳饰的投影，如图8-41所示。

手链

手链是佩戴在手腕上的条链状的首饰。在佩戴时，手部的动作会使手链自然摆动或移位。手链的结构一般包含主体、条链或连接关节和扣合关节。

◆ 手链的画面构图

手链由于自身的可开口和关节灵活的特点，铺展非常灵活。它可以以展开铺平的方式呈现效果图，如图 8-42 所示；也可以以扣合为圆环的方式呈现效果图，如图 8-43 所示；还可以以佩戴的方式呈现效果图，如图 8-44 所示。

扣合为圆环方式

图 8-43

展开铺平方式

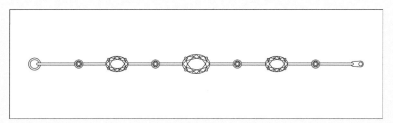

图 8-42

佩戴方式

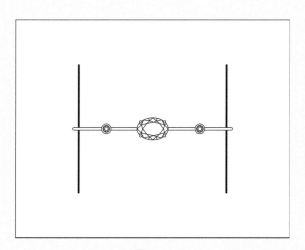

图 8-44

◆ 手链的效果图画法

STEP 01

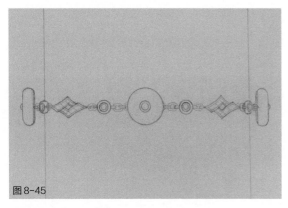

图8-45

用铅笔在卡纸上画好线稿，如图8-45所示。

STEP 02

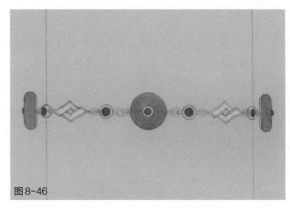

图8-46

分别调和出不同宝石的底色，平涂在宝石轮廓中，如图8-46所示。

STEP 03

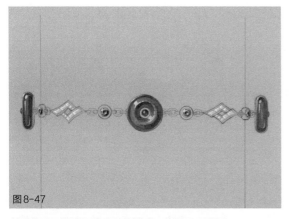

图8-47

刻画宝石，塑造不同宝石的质感，如图8-47所示。

STEP 04

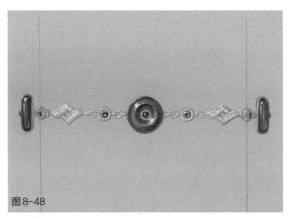

图8-48

刻画金属部分，塑造金属结构的立体感，如图8-48所示。

STEP 05

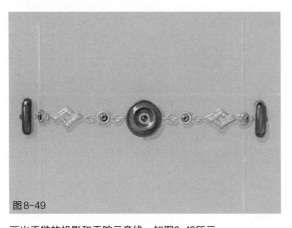

图8-49

画出手链的投影和手腕示意线，如图8-49所示。

手镯

　　手镯的圈口一般都是大于手腕的粗细的，所以在佩戴时会随着手部的动作而移位，但形态不会发生改变。手镯的主体为一个圆环状结构，设计师可在这个圆环上附加其他装饰结构。

◆ 手镯的画面构图

　　手镯的结构相当于一个放大版的戒指，所以手镯的呈现视角一般也选择倾斜视角，如图 8-50 和图 8-51 所示，或选择顶视视角，如图 8-52 所示。倾斜视角可以展现手镯大部分表面图案、立体结构、材质及宽厚程度等。

倾斜视角　　　　　　　　　　　　　　　　　　　　　　　　　**顶视视角**

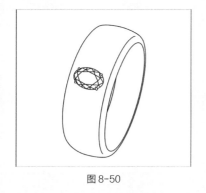
图 8-50

图 8-51

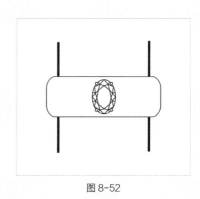
图 8-52

◆ 手镯的效果图画法

STEP 01

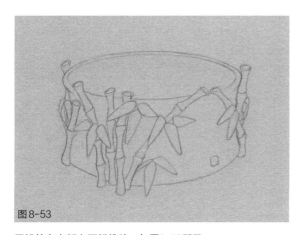
图 8-53

用铅笔在卡纸上画好线稿，如图8-53所示。

STEP 02

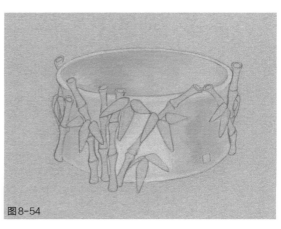
图8-54

调和出银白色金属的颜色，塑造镯子主体部分的立体造型，如图8-54所示。

STEP 03

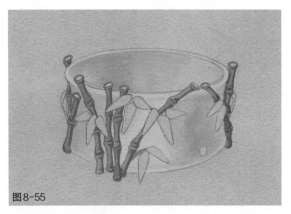

图8-55

调和出金黄色金属的颜色，塑造竹子的立体造型，如图8-55所示。

STEP 04

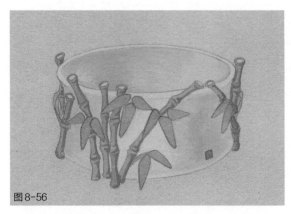

图8-56

分别调和出翡翠和红宝石的底色，在相应宝石轮廓中进行平涂，如图8-56所示。

STEP 05

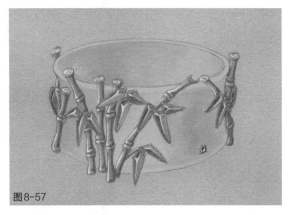

图8-57

精画竹子部分和竹节上镶嵌的翡翠、钻石，精画红宝石，点画金属和宝石上的高光，如图8-57所示。

STEP 06

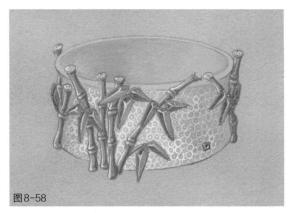

图8-58

画出镯子主体上满镶的钻石，如图8-58所示。

STEP 07

图8-59

提亮镯子侧面的边缘反光，如图8-59所示。

STEP 08

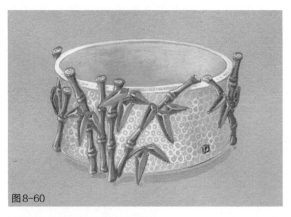

图8-60

画出镯子的阴影，如图8-60所示。